共通教育シリーズ

証明の探究

増補版

日比 孝之 著

大阪大学出版会

増補版・はじめに

新潟県立近代美術館（新潟県長岡市）で開催（2016年6月4日から8月21日）されている「モネ展」に足を運んだ。会期も終盤に差し掛かり、展示会場は疎らであった。その御蔭で、《睡蓮》と《テュイルリー公園》を、暫しの間、（絵画の側で厳しい顔をしている監視者を除くと）誰にも邪魔されず一人で鑑賞することができた。その《睡蓮》のような池のある庭園を眺めることができるような秘境の温泉宿に逗留しながら、原稿を執筆するならば、さぞかし立派な名著が誕生するであろう。と言っても、多忙な研究者は、秘境の温泉宿に一泊する余裕すらないから、結局、《睡蓮》の絵葉書を眺めながら、研究室で原稿を執筆することになる。

『証明の探究』の初版が出版されてから5年余りの歳月が流れた。『証明の探究』は、大阪大学の共通教育シリーズの第一冊目として刊行され、目下、文系学部1年次前期の共通教育科目のテキストとして使われている。第4刷の在庫が切れた機会に、原稿を加筆し、増補版を出版することになった。増補版は、初版の原稿を、誤植の微修正を除き、そのまま残し、加筆した原稿をそれぞれの章末に載せている。増補版には、随分と昔の傑作な大学入試の証明問題の紹介に加え、高校数学と大学数学の橋渡しとなるような証明問題を収録している。そのような問題は、世間に氾濫する入試問題集には、まず、載っていないであろう。それとともに、ピックの公式を証明する際の難所である、補題9－1の短い別証も掲載している。初版の「雑談」の続きは、「続・雑談」とした。「続・雑談」の後には、「付録」を載せた。「付録」は、増補版の本編の校正をしているときに執筆した原稿である。

本著のコミック版であるコミック『証明の探究 高校編！』は一昨年の暮れに出版され、テーマ曲「恋の証明」も創り、YouTubeに載せている。コミック版には、主人公の葉子が、たまたま、書店の棚にうずもれている『証明の探究』を発見し、購入するシーンもある。その宣伝効果もあってか、昨年は、『証明の探究』も随分と売れたようである。

「続・雑談」でも触れるが、数学教育の核心は、閃き（あるいは、発想、着想）の能力を育むことと、論理（すなわち、筋道を踏んで事を進めること）の能力を鍛えることに尽きる。人生において、さまざまな境遇に逢着するとき、閃きがまったく苦手、論理がチグハグであれば、さて、どうなるか。それが実感できるのは、高校を卒業してからずっと後になってからであろう。

2016年8月1日

日比孝之

はじめに

秘湯に隠り、旅の日記のような風流が漂う数学書を執筆することができればさぞ楽しかろう。そんな淡い思いを抱きながら本著の執筆を始めた。流石に、秘湯に隠る余裕はないのだが、それでも本著の大部分は、旅——と言っても、数学者の研究活動の一環である——の合間に執筆を進めた。

数学の専門書には、定義、定理、証明、例、問題などが理路整然と並び、それらを理解することは、一歩ずつゆっくりと険しい山路を登るようなものである。紙と鉛筆を準備し、証明が理解できなければ、あれこれと試行錯誤が必要である。本著はそのような一般の数学書とは趣が全く異なる。すらすらと読める数学書である。たとえるならば、青春 18 切符を持ち、駅弁を買って、鈍行列車に揺られながらの旅のようなものである。険しい山路を登り、その頂上からの絶景は素晴らしいであろうが、しかし、田舎を走る一両編成の鈍行列車の車窓からでも旅の旅情を楽しむことができる。

数学の理論的な進化は先端科学技術の進歩、現実の社会の難問の解決などに多大なる貢献をする。そのような数学の進化と現代の産業社会の調和という側面とは離れ、数学は人類が創造した文化的無形遺産としての価値を持つ。その遺産のなかでも、「背理法」と「数学的帰納法」は、誰にでもその原理を理解することができ、しかも数学の理論を築くための骨格となるものであるから、万人が享受すべきものである。それにもかかわらず、「背理法」と「数学的帰納法」の高校数学での取り扱いは余りにもお粗末で嘆かわしい。

本著は、文科系の大学生の教養課程の数学のテキストとして企画された。しかし、主な読者層としては、高校 1、2 年生、中高一貫の進学校の中学生を想定している。それだからと言うことでもないが、本著では、大昔の大学入試問題、中学入試の受験算数の問題も紹介している。高校数学、受験数学では、ともすると、公式の暗記、入試問題を解くテクニックの習得に傾き、証明をじっくりと理解する余裕がない。と言うか、証明をじっくりと理解しなくても、大学入試には影響がないということが現実だろう。昨今、「背理法」と「数学的帰納法」が高校数学の現場で重視されないという背景には、大学入試問題でも、「背理法」と「数学的帰納法」がそれほど出題されていないことも一因であろう。しかし、証明を軽視する姿勢は、数学の面白さに触れる機会を激減させ、数学を学ぶ教育的意義の崩壊を導く。本著が数学の持つ豊かな側面を提示することで、そのような崩壊をいささかなりとも防御することができれば幸いである。

本著の内容を簡潔に紹介する。第 1 章「証明への誘い」は、筆者の証明への思いを、筆者が受験生であった頃からの回顧を込めて執筆した随想である。第 2 章「平行四辺形の面積」と第 3 章「11 の倍数の判定法」は小学校の算数から題材を選んだ。平行四辺形の面積の公式を証明するカバリエリの原理は、現行の小学校の算数の教科書に載っている平行四辺形のすっきりしない証明よりも遥かに華麗である。他方、2、3、4、5、6、8、9 の倍数の判定法は中学数学でも周知であるが、11 の倍数の判定法は、中学数学の教科書には載っていない。それにもかかわらず、11 の倍数の判定法は中学入試の受験算数では必須知識である。しかし、その証明を小学生が理解することは困難である。

第 4 章から第 7 章が本著のハイライトである。第 4 章と第 5 章は「背理法」を、第 6 章と第 7 章は「数学的帰納法」を解説する。背理法の考え方は小学生にも理解できるから、中学入試問題にも背理法の考えを使う論理の問題が出題されている。第 4 章では、中学入試問題を使って背理法を導入し、$\sqrt{2}$ が無理数であることを証明するとともに、習慣的に常識だと思っている素因数分解の一意性の厳密な証明を紹介する。第 5 章は、実数の全体が非可算集合であることを証明するための有名なカントールの対角線論法を解説する。数学的帰納法は、高校数学では等式、不等式の証明に使われることが多いが、第 6 章は阿弥陀籤、第 7 章は一筆書きを題材とし、数学的帰納法の魅力に迫る。阿弥陀籤では、異なる出発点から始めると異なる終着点に到達する。誰もがあたりまえと思っている事実だが、いざそれを証明しようとすると、どうすればいいのか途方に暮れる。一筆書きの問題は、中学入試問題集などにも載っている。有限グラフが一筆書き可能か否かを判定する方法は、発見と証明という教育的な観点からも、優れた題材なのである。

第8章は「オイラーの多面体定理」、第9章と第10章は「ピックの公式」である。オイラーの多面体定理は、空間の凸多面体の頂点、辺、面の個数の関係式で、中学数学の教科書でもその結果だけは紹介されている。本著では、オイラーの多面体定理を、数学的帰納法を使い厳密に証明し、その応用として空間の正多面体が、正四面体、正六面体（立方体）、正八面体、正十二面体、正二十面体の5種類に限る、という有名な事実を整数問題の解として導く。他方、ピックの公式とは、平面の多角形の面積に関する公式であり、公式そのものは小学生でも理解できる。その証明は数学的帰納法とちょっと煩雑な計算を使うが、高校数学の教科書の発展学習に掲載することも、十分に可能である。

本著の執筆に際し、中学入試問題については、『中学への算数』など、東京出版から出版されている受験算数の書籍を参考にした。反面、既存の数学書を参考にすることはなかった。とは言っても、筆者が嘗て読んだ数学書から得た知識があってこそ本著の執筆できるのであるから、そのような数学書が間接的な参考文献であることは否めない。

筆者にとって、本著の執筆はとても楽しい文筆活動であった。冒頭でも断ったように、一般の数学の専門書とは異なり、秘湯に隠り、思い浮かぶことをつらつらと書き連ねた数学日記のようなものである。中学生、高校生、大学生に限らず、ずっとずっと昔、数学大好き少年少女だったおとうさん／おかあさんも、慌ただしい日常生活の余暇に、バラ色のワイングラスを傾けながら本著を眺めてくれたら筆者としては望外の喜びである。これも証明、あれも証明、たぶん証明、きっと証明……

2010年12月15日

日比孝之

目　次

第1章 証明への誘い

筆者の証明への思いを語ろう。と言っても、筆者の回想録である。数学者としての道を歩むことを夢に抱く中学生、高校生諸君などがいささかなりとも、楽しんで読んでくれるならば幸いである。筆者が中学生、高校生の頃は、昭和40年代の高度経済成長の頃、数学と理科の教育水準は特に高く、詰め込み教育が頂点を極めた時代であった。中学数学の証明と言えば、平面幾何の証明問題が主流であり、補助線一本を発見すればさっと証明できる、という爽快な気分とともに、反面、補助線が発見できなければお手上げという挫折の気分を味わい、中学生の頃の筆者の証明への思いはいささか複雑であった。

筆者の出身高校は、名古屋市立向陽高等学校である。どこにでもある平凡な公立高校であり、東大、京大の合格者ランキングなどにはその名前は滅多に現れない。しかし、筆者の母校は、ノーベル物理学賞（2008年）を受賞した益川敏英教授の出身高校である。小林・益川理論によって、名古屋大学理学部は一躍有名になった。その名古屋大学理学部を志した高校生の頃の筆者の証明への思いを語るには、その頃の名古屋大学の数学の入学試験問題を懐古しなければならない。

筆者が高校生の頃は、国立大学は国立一期校と国立二期校に分離されていた時代である。国立一期校は3月上旬、国立二期校は3月下旬に入学試験が実施されていた。名古屋大学の入学試験は3月3日、4日、5日と実施され、3日が国語と理科、4日が英語と社会、5日が数学と、随分とゆったりしたスケジュールであり、合格発表も3月19日だった。理科系の配点（試験時間）は国語 200 点（120 分）、理科 200 点（100 点× 2 科目、120 分）、英語 200 点（120 分）、社会 100 点（100 点× 1 科目、60 分）と数学 200 点（150 分）の 900 点満点であった。もっとも、その頃は、入学試験に関する情報は非公開が原則であり、配点と合格最低点なども公表されず、あくまでも、予備校などの推定に過ぎなかったのであるが、理学部の合格最低点は、例年、460 点〜470 点だと言われていた。筆者の戦略は、数学で 160 点、理科の物理で 80 点を得点し、残りの国語、英語、化学、世界史の 600 点から 240 点を得点することだった。数学と物理は 8 割、その他は 4 割と極端な戦略であったが、典型的な理科系の戦略であったと思う。化学と世界史がいくら準備不足であっても、4 割は得点できるだろうし、国語と英語もあまり受験勉強をやってなかったとは言うものの、4 割ならば解答用紙の空欄をなくせば何とかなるだろうと思っていた。だから、数学と物理のどちらかで沈没したら、理学部に合格することは絶望的という危険な戦略である。もっとも、数学と物理で沈没しつつも理学部に合格するなど、数学者を志す受験生にとっては恥であるとも思っていた。

その名古屋大学の数学の入学試験問題であるが、その頃は大問 5 題が出題されていた。もっとも顕著な特徴を挙げると、第 1 に、導入式の枝分かれ問題（すなわち、一つの大問が（1）、（2）、（3）のように小問に分割されており、（1）と（2）は（3）の準備問題である問題）がほとんど出題されず、よしんば小問に分割されていても、それぞれの小問が原則として独立の問題であることがほとんどであったこと、第 2 に、証明問題の占める割合がきわめて多く、概ね、5 割〜6 割が証明問題であったと記憶している。これらの特徴は、数学の苦手な受験生にとっては最悪の出題傾向である。部分点を稼ぐことが難しく、論証に弱ければ、歯が立たない。反面、数学の得意な受験生にとっては、証明問題は有り難い。計算問題には計算ミスの恐れがあり、単純な小学生レベルの計算ミスで 20 点も 30 点も減点される（ときには、大問一つを落とす）羽目になることもあるが、証明問題ならば、証明できればまずミスはないと安心できる。だから、筆者が受験生のときには、徹底的に証明問題の攻略をやった。いわゆる電話帳と呼ばれる全国大学入試問題正解なる分厚い冊子に載っている証明問題を片っ端からどんどん解いた。

もっとも印象に残っている名古屋大学の入学試験の証明問題の一つとして、筆者が現役の受験生のときの入試問題から、一例を挙げよう。

問題1－1　1から10までの10個の整数から5個を選び、それらの積をaとし、残りの5個の積をbとする。このとき$a \neq b$を示せ。

流石（さすが）にこの短い問題は大問の（1）であって、続きの（2）が控えていた。読者はすぐに証明できる（できた）でしょうか。ちょっと算数が得意な小学生ならば解答できる。灘中の中学入試問題よりもはるかに簡単である。昨今の大学入試問題でもそうかも知れないが、受験生（と受験を指導する高等学校、予備校の先生）にとって、整数問題は厄介である。高校数学では整数問題を系統的に学ぶ機会はないし、効果的なぱっとしたテクニックもあまりない。だから、出題する側にとっては、面白さが尽きないし、受験生の独創性を試すには最適な問題となる。さて、解答例であるが、

[解答例]　整数aとbのどちらか一方かつ一方のみが7で割り切れるから$a \neq b$である。

証明に気が付かなかった読者は、なあーんだ！　と思ったでしょう。実は、筆者も受験したとき、この解答に至るまでには20分以上も費やし、2の冪（べき）、3の冪、5の冪とやって解答欄がもうほとんどなくなり、試験の残り時間も5分を切って、漸く7を思いつき、それまでの解答を消す時間もなく、それまでの解答に鉛筆で斜線を引き、解答例のような証明をし、その部分を大きく囲っておいた。採点者がちゃんと読んでくれることを祈りながら。そんな訳で、この整数問題は筆者の証明へ思いを語るときには不可欠な問題である。

ちなみに、控えていた続きの（2）の問題は、記憶を辿ると、次の趣旨の

問題であったように思う。

問題１－２　1から10までの10個の整数から5個を選んでその積として得られる整数のうち、$\sqrt{10!}$よりも大きいものの個数をAとし、$\sqrt{10!}$よりも小さいものの個数をBとする。このとき、$A = B$を証明せよ。

問題１－２はやや難問である。解答例を記載しても、読者はそれほど面白くはないだろうから省略する。しかし、昭和40年代の論証を重視する数学の入試問題の顕著な傾向を知る貴重な問題の一つである。筆者は苦し紛れに、余白のほとんど残っていない解答欄に一言、一対一対応があるから、とだけ書くことしかできなかったが、この一対一対応は証明のキーワードであるから、ひょっとしたら、わずかな部分点があったかも知れない。さきほども言ったが、導入式の問題は昭和40年代の名古屋大学では珍しい。大問一題の配点を40点とすると、(1)と(2)の配点は、それぞれ、20点であっただろうか。しかし、(1)は部分点などを稼ぐことはほとんど不可能である。

ところで、筆者は現役のとき、名古屋大学理学部には不合格であった。しかし、あまり深く考えずに願書に記載した第2希望の農学部には合格した。筆者にとっては、理学部に落ちてしまっては第2希望に合格しても何も嬉しくもなかったけど、しかし、母校の名古屋大学合格者数には貢献できた。何点足りなかったのかは知らないけど、そういうことは知らないほうが幸せなのだろう。現役のときは、数学は8割弱の得点はできたと思っているが、物理が撃沈！　で50点前後だったろうか。物理の敗因ははっきりしている。重力加速度gが諸悪の根源である。筆者は名古屋大学の過去問を10年以上も解いたが、力学で重力加速度が必要な場合は「重力加速度をgとする」などの断りが記載されていた。そのような断りが記載されておらず、しかし、重力加速度が必要な場合は、必ず問題文に現れる他の記号を使い重力加速度を簡単に表すことができた。現役のときに筆者が惨敗した物理の問題には、「重力加速度をgとする」の断りが記載されておらず、しかし、

解答には g が必要だったから、筆者は、他の記号から何とか g を表そうと悪戦苦闘し、結局、時間切れ。だが、予備校の解答例には g が使われており、g は重力加速度であると解答欄に括弧書きの断りがしてあった。もう30年以上も昔のことだから言うのだけど、筆者は、このときの物理の入試問題は出題者の手落ちだったのではないか、と疑っている。入学試験問題を作成するときには過去の慣習を踏襲するのは常識である。従来、「重力加速度を g とする」と断りが記載されていながら、その年度の問題には記載されていなかったのはどうしてなのか。時効のついでに言うと、理科の試験開始から暫く経過した頃、物理の問題訂正（補足だったかも？）が2回もあった。問題訂正（よしんば補足だったとしても）が（試験開始直後ならばまだしも、試験の途中に）2回もあるなど、尋常ではない。どうせ、2回もやるのなら、ついでに、3回やって「重力加速度を g とする」も追加して欲しかった。

受験生の頃を回想すると、遠い昔の青春が蘇（よみがえ）りとても懐（なつ）かしい。筆者は、社会は世界史を選択したが、世界史はさっぱり得点できなかった。予備校の模試を受けたとき、北方民族の問題が出題された。小問（1）から（10）まで北方民族の名前を答える問題であったが、筆者は北方民族の名前は「女真（じょしん）」しか知らなかった。だから、（1）から（10）まで、全部、女真、女真、女真、…と解答した。そうしたら、何と（10）の正解が女真だったから、一つだけ正解になった。まあ、こういうこともあるのだから、やるのなら徹底的にやるべきだ。

現役のときに名古屋大学理学部に不合格となり、そのことが、一層、名古屋大学理学部への憧れとともに、数学者への憧れを増幅させることとなった。翌年の再挑戦では、数学も物理も自己採点では9割を得点することができ、幸いにも理学部に合格できた。合格発表のとき、理学部合格者に自分の受験番号○○○○があったときの感動は今でも忘れることはできない。ちょうどその頃、太田裕美の「木綿のハンカチーフ」（松本隆作詞／筒美京平作曲）が流行っていた。

恋人よ　僕は旅立つ
東へと　向う列車で

という歌詞で始まる。いまでも、3月下旬に「木綿のハンカチーフ」を聴くと合格発表の風景が鮮やかに蘇る。昨今のインターネットでの合格発表は趣に欠ける。合格の喜びも不合格の挫折も、それらをしみじみと感じるには、やはり掲示での発表が望ましい。

高校生の頃の筆者の証明への思いから筆を進め、大学生のときの証明への思いを語ろう。名古屋大学に入学して間もない頃、大学で学ぶ解析入門、線型代数入門などとは別に、

松村英之（著）『集合論入門』朝倉書店（1966年）

を読み始めた。著者の松村英之は名古屋大学理学部教授であったが、後に、筆者の師匠となる。昭和40年代、数学教育の現代化が叫ばれ、その黎明期（夜明けにあたる時期）として、中学校の授業にも集合の単元が現れ、筆者も集合のベン図などを習得した。集合論は現代数学を学ぶ基礎となる、というような話を聞いたこともあって、『集合論入門』を読み始めた。活字も大きくなった復刊本が2005年に出版されているから、いまでも、入手可能な著書である。集合論を学ぶには、特別な予備知識も要らず、証明も自分で考えながら読み進めることができる。『集合論入門』の解説はとても丁寧で、高校生でも大部分を独学することができる。集合論を学ぶことは、本著の主なテーマでもある数学的帰納法と背理法を高校数学の知識から深化させるためにも、とても有益である。

記憶を辿ると、大学2年生の夏休みに入った頃だったと思う。街の本屋さんで

永田雅宜（著）『可換環論』紀伊國屋書店（1974年）

を偶々(たまたま)手に取って眺めた。著者の永田雅宜は名古屋大学理学部数学科の出身であることと、本の表紙がいかにも数学書としての荘厳な雰囲気が漂い、あまり深く考えず、購入した。『可換環論』を購入したことは、後に、筆者が可換環論の研究者を志す切っ掛けとなった。夏休みに『可換環論』をぼちぼちと読み始めたが、全く読み進むことができない。一日中、朝から夜まで読んでも数行しか進まない。『可換環論』には著者独特の言い回しが頻繁にでてくる。… を証明するには …を証明すればよいが、しかし、それは明らかである、という調子だ。数学の専門書を読むときには、行間をちゃんと読まなければならない、ということを耳にするが、その行間を補うと、とんでもなく長くなり、とんでもない時間が費やされ、証明を読むことがこれほど苦痛なのか、と心底から思った。それに加え、やっとの思いで証明が理解できても、証明の筋道を追ったに過ぎず、それが消化できたという気分に浸ることはできない。夏休みが終わってもわずか 30 余ページしか読むことはできなかった。

大学院の入学試験は、筆者の人生の大きな転換期となった。筆者の 4 年生の卒業研究（いわゆる卒業セミナー）の指導教官は『集合論入門』の著者である松村英之教授であった。松村英之教授の専門は可換環論、数学科の卒業研究は洋書の輪読が主で、卒業論文の作成はなかった。大学院の入学試験は夏休みの終わりにあった。研究職への就職が困難であるという背景を踏まえ、数学専攻の大学院は狭き門であった。名古屋大学では 100 名以上が受験し、合格者は僅か 4 名などという極端なときもあったようだ。試験問題は、数学一般として必修問題が 4 題（40 点）、数学専門として選択問題が 3 題（30 点）の 70 点満点で、合格点は 30 点と聞いていた。たった 30 点かと思うかも知れないが、出題される問題はどれも難問ばかり、全くお手上げの問題が多かった。英語の試験もあったが、採点はしていないとの噂であった。筆者は学部 4 年生のときに受験し、17 点で敗北、その翌年も受験するものの、完答して 10 点を獲得した問題が一題あったにもかかわらず、それ以外の問題がほとんど壊滅状態であり、合格点の 30 点には遠く及ばず、再び惨敗。筆者の数学者への夢は儚(はかな)くも消えた。筆者は名古屋大学の入学試験にはまったく縁が薄く、学部と大学院を合計 4 回受験し、1 勝 3 敗という勝率 2 割 5 分の成績だった。

もう筆者も 24 歳、人生の岐路に立ち、さて困った。しばらくは呆然(ぼうぜん)としていた。この頃、山崎豊子の『白い巨塔』(新潮社)を夢中になって読んだ。野望に燃える財前五郎(『白い巨塔』の主役の外科医)の姿は、挫折感に浸る筆者を魅了した。そうこうして 2 ヶ月もすると、広島大学の数学専攻が二次募集をやることを知り、受験することにした。このときはきわめて幸運だった。偶然にもやったことがある問題が出題され、合格することができた。

広島大学大学院理学研究科博士課程前期数学専攻に入学してから半年以上が過ぎ、広島での生活にも慣れ、秋も深まりつつあった頃だっただろうか。それまでの数学との付き合いのなかで、もっとも感動する証明に巡り合った。可換環論の抽象論を道具に使い、組合せ論の懸案の未解決問題を一瞬にして解く、という華麗な離れ業が展開されている論文である。数ページの短い論文だったし、可換環論に馴染みがあればさっと読める。一晩で読んだ。難解な証明ではなく、着想の素晴らしさに深い感銘を覚えた。その論文の著者である Richard Stanley とは、それから数年後、1985 年、京都で開催された国際会議「可換代数と組合せ論」で知り合い、今でも、交流が続いている。彼は、マサチューセッツ工科大学(MIT)教授である。

大学院に進学したとき、私は 24 歳、もし博士課程後期まで進み、5 年経過したとし、その段階で就職できなければ、やがて 30 歳。そうなれば、経済的に苦しい状況に追い込まれる、と思い、大学院生のときには一生懸命アルバイトをして、せっせと貯金を貯めた。某予備校で講師をやっていたが、予備校の講師などというもの、所詮、客商売だからひとたび人気がでると、時間給は爆発的に増大する。駆け出しの頃、50 分 2,800 円だったのが、3 年後には 50 分 8,000 円ぐらいになった。人気がでないと容赦なく解雇になるが、人気が安定すると、我侭(わがまま)も通るようになり、それなりに快適である。予備校の講師は、大学院生にとっては高額の収入が得られるアルバイトであるし、それに、講義をするのがとてもうまくなる。結局、広島には4年間住んだが、アルバイトの収入から、大学院の授業料を払い、生活費を差し引いても500万円の貯金ができた。20余年も昔の500万円ですぞ！　博士後期2年の秋、名古屋大学のときの指導教官であった松村英之教授から名大の助手にならないか、との嬉しい誘いを頂戴した。名古屋大学理学部は大学院には合格させてはくれなかったけれども、助手には採用してくれたのだ。名古屋大学の助手になることが決まった直後だったろうか。広島のとある女子校の非常勤講師の話が舞い込んできた。広島での生活も残り5ヶ月、その期間、週に8コマの非常勤講師を勤めた。教員免許状が役に立った唯一の機会である。女子校で教えることは予備校で教えることとは大違いだったけど、すぐに慣れた。女子校も慣れるとなかなか楽しい。筆者の広島での生活の素敵な思い出の一駒（ひとこま）である。

さて、数学者の第一の仕事は論文を執筆することである。論文を執筆するにはどうすればいいか。一言で言うと、誰も答えを知らない問題を探し(創り)、それを解けば論文になる。難しいことは、誰も答えを知らない問題を探す（創る）ことである。有名な未解決問題を解くことも一案であるが、そんなことは滅多にできることではない。受験数学も数学の論文を執筆することも、数学の問題を解くことは全く同じである。それらの相違は、前者は模範解答があるが、後者は誰も解答を知らないということである。ところが、このギャップを始めて思い知るのは、大学院に進学してからである。それまで、優秀だった学生が、突然、落第生に変貌することも珍しくはない。論文を執筆するための問題を探す（創る）ことができなければ、論文が執筆できないから、落第生である。しかし、師匠が親切であれば、大学院生の実力を察知し、手頃な問題を授けてくれることもある。時として、そのように授けてくれた問題の答（あるいは、解くためのアイデア）を師匠が知っている場合すらある。言うなれば、師匠に恵まれた大学院生である。反面、師匠がとても解けないと思っている難問を大学院生に教示し、大学院生が解いてしまうこともある。こちらは、大学院生に恵まれた師匠である。

名古屋大学理学部助手のとき、Richard Stanley のお世話で、マサチューセッツ工科大学に一年間滞在した。1988 年の秋学期と 1989 年の春学期である。マサチューセッツ工科大学は、ハーバード大学と同じく、ボストンに隣接する街ケンブリッジにある。ボストンの住宅街にアパートを借りて住み、毎日、チャールズ川のハーバード橋を渡って徒歩で MIT に通った。秋学期、Stanley の組合せ論の講義の TA（teaching assistant）をしていた。仕事は学生のレポートの採点である。流石に MIT の学生、抜群に優れていると感心する学生ばかりであった。あるとき、学生のレポートを採点しながら、面白い現象に気が付いた。それを定式化すると、立派な定理になりそうである。定理になりそうと言っても証明ができているのではないから、そういうときは「予想」と呼ぶ。具体的な例を計算し、そこから「予想」を創り、それを証明し、定理に昇華させ、論文を執筆する。論文を執筆するときの原始的な、しかし、効果的な方法である。その学生のレポートを採点しながら考えた「予想」を Stanley に話したところ、一晩で彼が証明し、その翌週には共著論文の草稿が完成した。僅か 6 ページの短い論文であるが、Stanley と筆者の唯一の共著論文である。論文に費やした研究時間はわずか 10 余時間だろうか。論文は執筆できるときには、あっと言う間に執筆できる。もちろん、そのようなことは稀である。しかし、長編の論文であっても、その本質となる着想に辿り着くのは一瞬であることも珍しくはない。

1990 年 10 月、筆者は名古屋大学から北海道大学に移った。北国の美しい街、札幌。札幌での楽しい思い出は話せば尽きない。北大のキャンパスは素敵である。筆者の研究室はポプラ並木のすぐ傍の建物にあった。ランチの後などに散歩した。いつ倒れるかわからないから立ち入り禁止となっていたが、何と言っても札幌の観光名所の一つである。観光客は立ち入り禁止を無視し、無断侵入し、写真を撮っていた。大学としても、立ち入り禁止と貼り紙をしておけば、万が一のときにも言い訳ができるということだろう。札幌に赴任してしばらくは、お客さんが訪ねてくると、あちらこちらを食べ歩きした。朝から数学の話を始めるのだが、お昼になると、薄野のラーメン横町にでかけ、その帰りに雪印パーラーに寄ってアイスクリームを食べる。もちろん、ずっと数学の話ばっかりである。大通りを散歩しながら大学に戻ると、午後の 4 時過ぎ。じゃあ、晩御飯は小樽で。遅くなってはいけないからと、さっさと大学を離れ、小樽にでかける。札幌からは快速電車で 30 分だ。いまでは閉店したとのことであるが、小樽のガイドブックには必ず紹介されている「一心太助」という魚介料理、海鮮料理の有名なお店があった。魚のネタが大きい！　だけど、とっても安い！　あらかじめ予約を入れなければならないが、それは座席の予約ではなく、料理の予約である。すぐに完売になってしまうから、三色丼 5 人前、鮭茶漬け 5 人前などと言った具合である。鮭茶漬け 350 円はいまでも覚えているが、丼（どんぶり）から、鮭が大きくはみだしている。これで 350 円ならば、鮭を除く茶漬けの値段は 50 円もしないのでは、と驚いた覚えがある。朝から夜まで数学の議論である。しかし、場所は大学とは限らない。

筆者が大阪大学に赴任したのは 1995 年 4 月である。その直前、1995 年 2 月にドイツに滞在したが、そのとき、Jürgen Herzog を訪ねた。Jürgen Herzog は可換代数の権威者、欧州における彼の影響力は絶大である。このときはついでに立ち寄っただけで、それまで共同研究なども全くしていなく、数学の研究の話をするつもりもなかった。しかし、わずかな会話をした途端に共同研究が始まることになる。筆者が Herzog の自宅に招かれたとき、一つの問題を彼に教えた。筆者が創った問題だったが、考えていても解けそうにもなかったし、他に話をすることもなかったから。ところが、その問題を聞いた途端、彼のアイデアが飛び出した。わずか数秒である。たちまち論文を執筆することとなり、わずか一週間の滞在で論文の骨格が完成した。その後、今日に至るまで、20 年以上も共同研究が続き、執筆した共著論文は 30 余編を越える。共著の単行本 “Monomial Ideals” も 2010 年 11 月に出版された。

Jürgen Herzog との共同研究で印象に残っている証明への思いを話そう。1995 年 8 月、ドイツの南にある Oberwolfach 数学研究所に Herzog と一緒に 2 週間滞在した。その滞在の目的は、一つの定理を証明することだった。この滞在は悪戦苦闘だった。滞在が始まって数日後の朝、黒板に向かって議論していると、幸運にも証明が完成した。そうすると、すぐに論文の執筆である。序文を執筆し、本文で定理を述べ、それを証明する。しかし、証明の途中で致命的な誤りがわかり、その論文の原稿は塵箱(ごみ)へ。証明できた！と喜んだ後に、間違っていることがわかるとその落胆は大きい。朝、証明ができたのだから、午後は研究所の付近の山を散歩して遊んで、論文の執筆は夜に始めた。証明の誤りがわかり、がっかりし就寝。ところが、翌日の朝、全く別のアイデアで証明することができた。午後は散歩、夜に論文の執筆を一から始める。ところが、またしても、証明にギャップがあることがわかり、落胆しての就寝。結局、3 回も証明できた（と思った）がどれも誤りがあって、2 週間の滞在は何も収穫もなかった。まあ、こんなこともある。実は、その証明が完成したのは、それから 4 年後。そのときも劇的だった。筆者がドイツを訪れ、Herzog と中華料理のランチをしながら、Oberwolfach 数学研究所での失敗談を笑っていたが、ふとしたことから、ある単行本に載っている公式が使えるのではないか、ということになった。面白いことに、Herzog はその単行本を図書室から借りたことをすっかり忘れていた。しかし、筆者は、偶々、その単行本が Herzog の自宅にあることを覚えていた。中華料理のランチの後、すぐに、彼は自宅に戻り、その単行本を持ってきた。それから、使えると思う公式を探した。その数時間後、夕暮れも迫るとき、その公式がぴったりと使えることがわかり、3 回も証明を誤った幻の定理は、ちゃんと定理になることができた。中華料理のお店で話を始めたときは、まったく何のアイデアもなかったのである。あのとき、その単行本の在処(ありか)がわからなかったら、その定理は、いまでも、幻の定理だったかも知れない。

その後、2004 年 8 月、再び、Oberwolfach 数学研究所に Herzog と 2 週間滞在する機会を得た。その研究所では、一週間単位のワークショップが開催されており、宿泊施設も完備されている。もちろん、滞在費と食事は無料である。図書館が素晴らしい。恐らく、すべての数学の雑誌と単行本が揃っていると言っても過言ではないだろう。ワークショップとは別に RiP（Research in Pairs）と呼ばれるプログラムがあり、二人がペアーとなり、2

週間〜3ヶ月、研究所に滞在し、共同研究を遂行する。前回も今回もそのRiPの援助で滞在した。今回の滞在ではちゃんと論文一編を執筆することができた。毎日、何の義務もなく、朝から夜まで数学をやっていればいいし、朝、昼、夜の食事に加え、午後には大きなケーキ、夜食もいっぱい準備されている。周囲は散歩に便利な環境である。研究所には「数学者のパラダイス（＝楽園）」との貼り紙がしてあるが、まさにその通りである。

大阪大学に赴任した翌年、1996年4月、全くの偶然から、大学院博士前期課程に入学してきた大杉英史君（現、関西学院大学教授）の指導教官をすることになった。全くの偶然と言うのは、彼の4年生のときの指導教官が転勤したことが原因である。その頃、筆者は“グレブナー基底”という概念に興味を持ち始めていたが、グレブナー基底については全くの素人だった。だから、大杉君を、一緒に勉強しようと誘ったのである。夏休みに入る頃だったと思う。ちょっとした問題を大杉君と話した。凸多面体の例を作る問題である。夏休みの後、大杉君は例を作って教えてくれた。なるほど、面白い例であった。まあ、論文の片隅に載せることはできるだろうと思った。ところが、その翌年の春、筆者がカリフォルニア大学バークレー校の数学研究所に滞在した折、大杉君の例を凸多面体の計算ソフトの専門家にお願いし、計算実験した結果、大杉君の例はとんでもない性質を持つ希有（けう）な例であることが判明した。とんでもない性質とは何かと言うことはさておき、いまでもそのようなとんでもない性質を持つ凸多面体は大杉君の例が唯一のもので、昨今、凸多面体の専門家は「大杉多面体」と呼んでいる。例を作ることは、定理を証明することと同様に数学ではとても重要である。予想は肯定的に証明できれば定理となるが、否定的に解決するには反例を作らなければならない。

受験数学でもそうであるが、証明せよ、と出題されれば証明すればいいのであるが、真か偽かを理由を付して答えよ、などと問われるとこれはなかなか難しい。昭和40年代の古い大学入試問題からそのような問題の類いを探す。たとえば、問題1－3　平面上において、合同な正n角形を、互いに重ならないように並べて、平面を埋めつくすことができるのは$n=$<u>3, 4のときだけである</u>。これは正しいか否か。(i) 正しければ○を、正しくなければ×を付けよ。(ii) ×ならば、下線部を適当に訂正して、正しいものにせよ。(iii) その理由を簡単に述べよ。

[解答例]　正六角形でも埋めつくすことができる。これは絵を描いてみれば納得できる。だから、(i) は×である。すると、(ii) は恐らく、3, 4, 6のときだけである、とすればいいだろう。だけど、(iii) は (ii) の理由を述べなければならない。受験生は (ii) を3, 4, 6のときだけである、と解答しても、その答えにちゃんと自信が持てるであろうか。部分点を稼ぐことにするならば、(iii) は捨てるのも一案である。その (iii) であるが、正n角形の一つの内角の大きさは$\frac{(n-2)\pi}{n}$であるから、一点のまわりに正n角形がk個集まっているとすると、$\frac{k(n-2)\pi}{n}=2\pi$である。すると、

$$k=\frac{2n}{n-2}=2+\frac{4}{n-2}$$

となる。従って、$n-2$が4の約数でなければならないから、$n-2=1,2,4$である。聞けば簡単、しかし、一点のまわりという着想に到達するのはなかなか難しい。

ついでだから、平面図形の古い問題をもう一題紹介しよう。実際の入試問題をちょっと改題している。

問題1－4　座標平面において、xとyがともに整数であるような点(x, y)を格子点と呼ぶことにする。この平面上で、一辺の長さがaの正方形（周囲を込める）は、どんな位置にあっても、少なくとも一つの格子点を含む。そのようなaの最小値を求めよ。

[解答例]　答えは$a=\sqrt{2}$である。一辺の長さが$\sqrt{2}$の正方形は、半径$\frac{1}{\sqrt{2}}$の円を含む。そして、（図１－１）から、その円は一辺の長さが１で、辺が座標軸に平行な正方形を含む。他方、一辺の長さが１で、辺が座標軸に平行な正方形が少なくとも一つの格子点を含むことは（図１－２）からわかる。文章で論証するとそれなりに厄介ではあるが。従って、$a \leqq \sqrt{2}$は示すことができた。ところが、$a<\sqrt{2}$とすると、（図１－３）から、格子点を含まないようにできることがわかる。なお、（図１－３）の点線は一辺の長さが$\sqrt{2}$の正方形である。この問題でも、一辺の長さが$\sqrt{2}$の正方形（周囲を込める）は、どんな位置にあっても、少なくとも一つの格子点を含むことを証明せよ、と出題されればちょっと簡単になる。

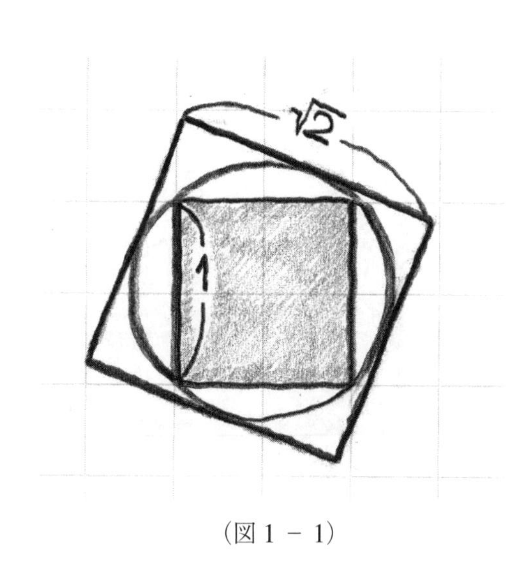

（図１－１）

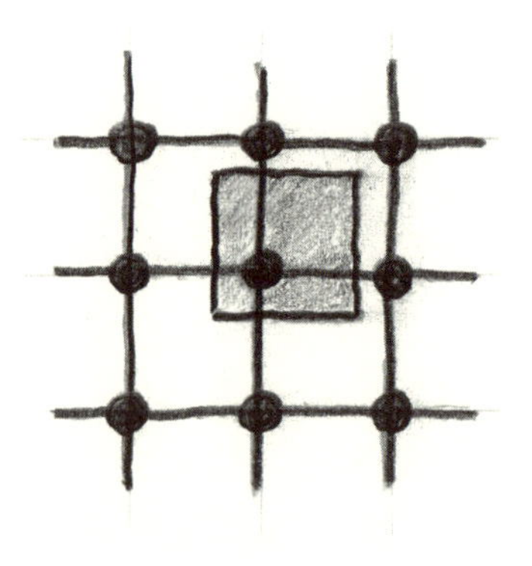

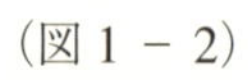

（図１－２）

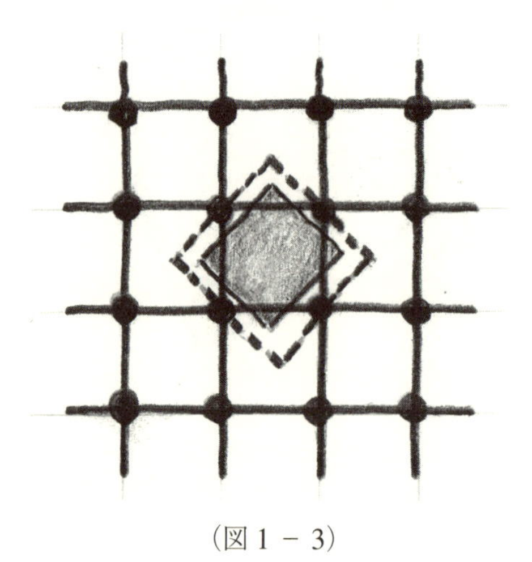

（図１－３）

第2章　平行四辺形の面積

幼少の頃から学ぶ算数において、子供が証明を始めて認識するのはいつであろうか。筆者は数学教育の専門家ではないし、算数教育の現状も知らない。けれども、小学校の算数の教科書をぱらぱら眺めていると、5年生の平行四辺形の面積の公式を導くときなどが、証明らしき雰囲気が漂うような印象を覚える。

筆者の手元にある算数の教科書に従うと、平行四辺形の面積の公式を導くときには、切ったり貼ったりが不可欠なようだ。平行四辺形 ABCD の高さを示す線分 AE が平行四辺形の内部に入る場合は、（図 2 － 1）のように直角三角形 ABE を直角三角形 DCF に平行移動させ、長方形 AEFD の面積の公式に持ち込む。

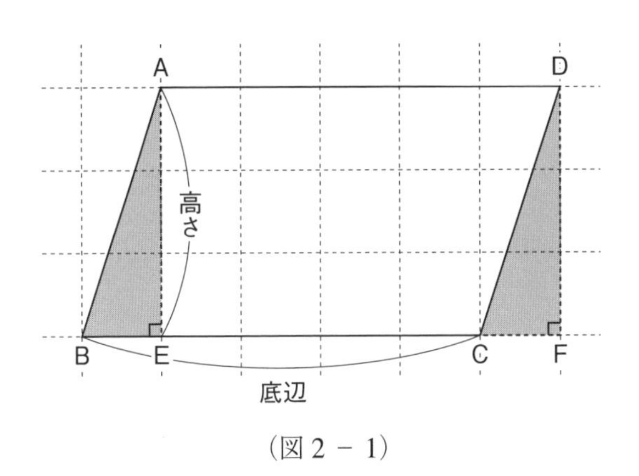

（図 2 － 1）

だけど、(図２－２) のように、平行四辺形の高さを示す線分が平行四辺形の内部に入らない場合は、ちょっとした工夫が必要である。

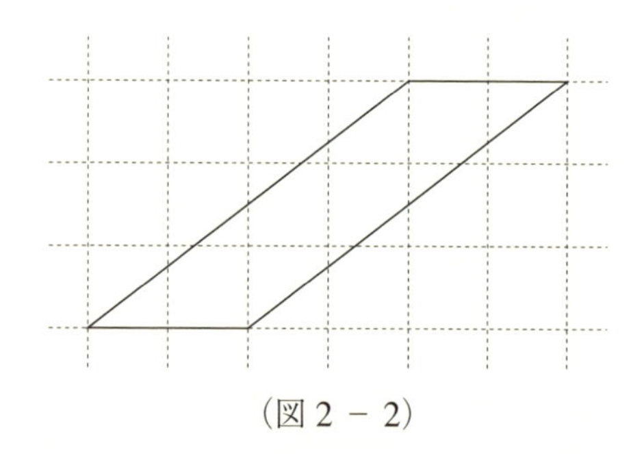

(図２－２)

両者の相違を、どれだけの小学生が理解できるだろうか。こんな難しい証明を小学生に教えるのは骨が折れるだろうなあ、と現場の教師に同情をする。しかし、教師が、とりあえず証明擬(もどき)をやったことにして、後は、公式がさっさと使えて練習問題が解ければそれで及第と思っているならば、話は簡単である。だけども、算数教育は考える教育であるから、証明をちゃんと理解させなければならないという信念を持っている教師にとっては、平行四辺形の面積の公式を教えることは重荷の一つであろう。

平行四辺形の面積の公式を小学生にちゃんと理解させようとするならば、もっとも大切なことは、(図２－１) と (図２－２) の場合分けを避け、長方形の面積の公式に持ち込むことであろう。平行四辺形があったとき、その底辺と横の長さが等しく、その高さと縦の長さが等しい長方形を準備し、(図２－３) のように両者を直線上に並べて置く。平行四辺形の公式を証明するには、両者の面積が等しいことを示せばよい。いま、(図２－４) のような網入り紙を準備する。

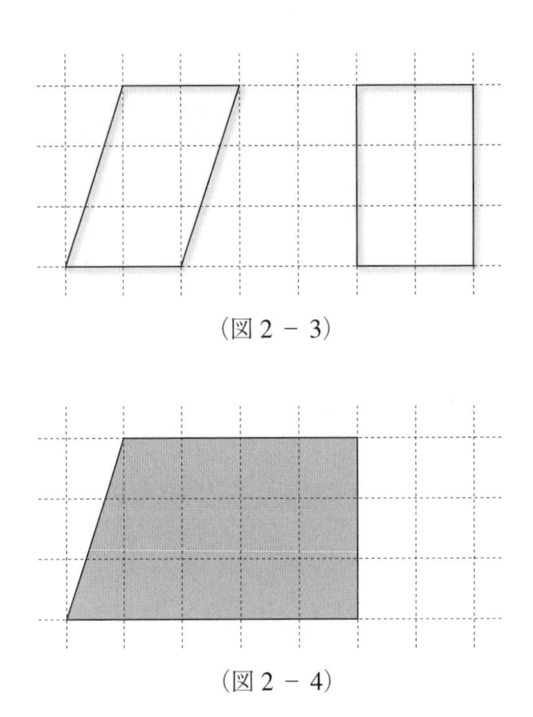

（図２－３）

（図２－４）

網入り紙を（図２－５）の位置から（図２－６）の位置まで右に平行移動させる。この作業で平行四辺形と長方形の面積が等しいことが従う。その理由を読者はおわかりでしょうか。

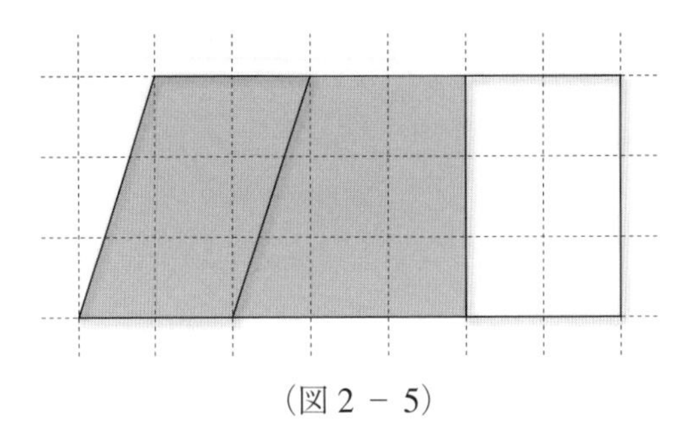

（図２－５）

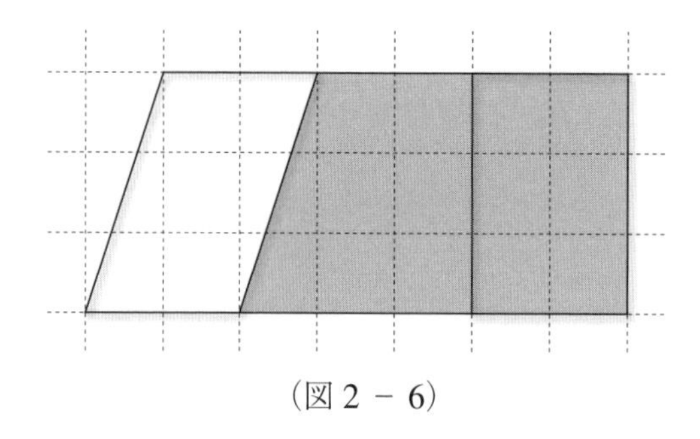

（図２－６）

からくりは「網入り紙から表に現れた部分の面積と、網入り紙の裏に隠れた部分の面積は等しい」というあたりまえの事実である。網入り紙を（図２－７）のようにちょっと平行移動させると納得できる。

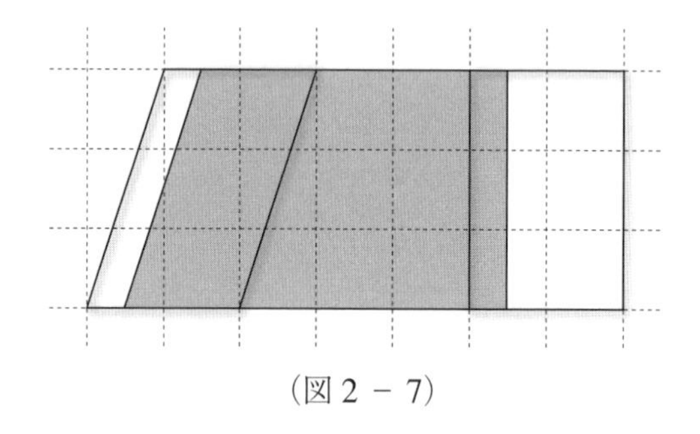

（図２－７）

このからくりは「カバリエリの原理」と呼ばれる一般論のもっとも簡単な場合である。カバリエリは17世紀のイタリアの数学者である。実際に平行四辺形、長方形と網入り紙を準備し、小学生に作業をさせれば、じっくりと考えさせることができる素晴らしい授業ができるのではないだろうか。

カバリエリの原理を使うと、平行四辺形に限らず、（図２－８）のような、２本の平行線に挟まれている幅が一定な図形の面積も、（底辺の長さ）×（高さ）で計算できることがすぐにわかる。

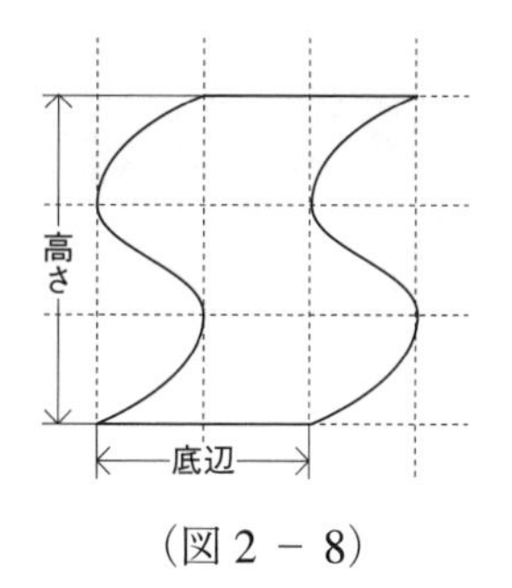

（図2 － 8）

その図形の底辺と横の長さが等しく、その高さと縦の長さが等しい長方形を準備し、（図2 － 9）のように両者を直線上に並べ、（図2 － 10）の網入り紙を準備する。それから、網入り紙を（図2 － 11）のように、左から右に移動させれば両者の面積が等しいことが従う。

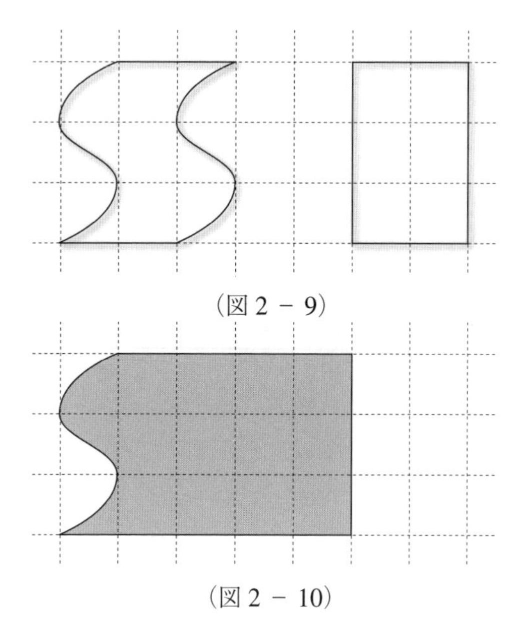

（図2 － 9）

（図2 － 10）

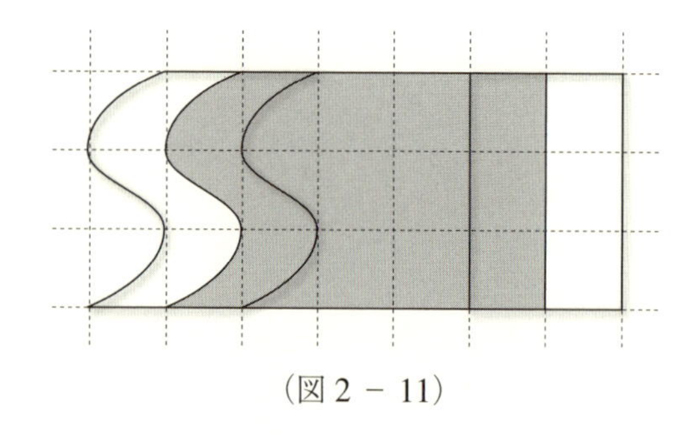

（図 2 － 11）

ところで、ゆとり教育の影響から、円周率が「およそ 3」となり、台形の公式が算数のカリキュラムから消滅したとき、世間では随分と騒がれた。円周率を「およそ 3」とすることは、円を正六角形で近似するようなものだから、あまりにもお粗末である。円周率が騒がれたとき、東大の入試問題に円周率の近似値に関する問題が出題された。こちらは、円に内接する正八角形を使って解く問題である。ゆとり教育にしても、1970 年代の数学教育の現代化にしても、あまりにも極端過ぎるのではないだろうか。もっとも、3 桁× 3 桁のかけ算をやらなくしては、円周の長さも、円の面積も、円周率を 3.14 としては計算できない。円周率を「およそ 3」とすることは、我が国の算数教育の歴史に残る汚点である。しかし、台形の公式の削除は大騒ぎすることではなかっただろう。教えようと思えば、すぐに教えることができる。証明は、（図 2 － 12）のように、同一の台形をさかさまにしてくっつければ平行四辺形に帰着するから簡単である。あるいは、一本の対角線を引いて、二つの三角形に分割してもいいだろう。しかし、後者の証明だと、台形の面積の公式

（上底＋下底）×（高さ）÷ 2

を導くには、分配法則が必要である。分配法則は、小学生の計算では、かなり高級なテクニックである。

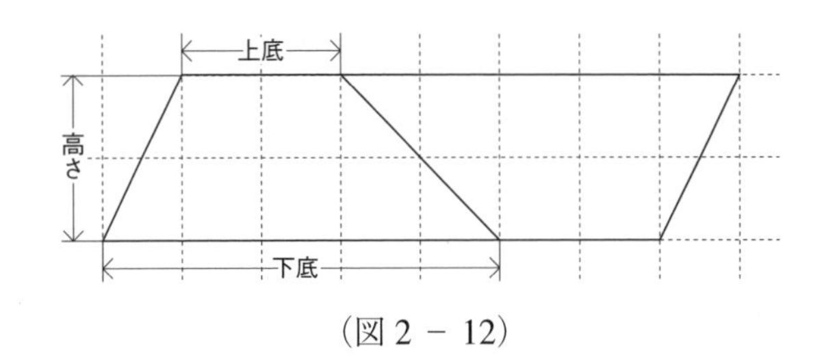

（図2 － 12）

台形の公式に加え、菱形（ひしがた）の公式も教えるべきだろう。菱形は対角線が直交するから、（図2 － 13）のような点線の長方形の面積の $\frac{1}{2}$ となるから、その面積を計算する公式は

（対角線）×（対角線）÷ 2

である。

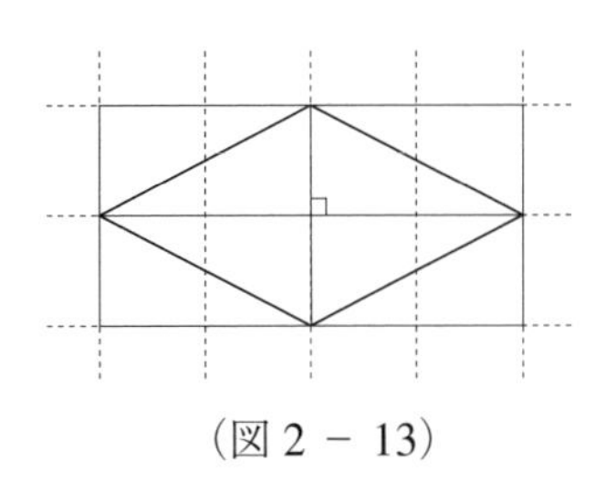

（図2 － 13）

菱形の公式は、もちろん、正方形の面積を計算するときも使える。これはなかなかの盲点である。受験算数（すなわち、国立と私立の中学入試問題）では、その考え方は重要なテクニックの一つである。たとえば、（図2 － 14）の「半径6cmの円に内接する正方形の面積を求めよ」という問題を解くとき、正方形の面積が（一辺）×（一辺）しか知らなかったら、小学生には解けない。一辺の長さを計算するには、ピタゴラスの定理が必要だから。しかし、その正方形の対角線の長さは円の直径に等しいから、正方形を菱形と思って、菱形の面積の公式を使うと 12 × 12 ÷ 2 ＝ 72 とすぐに計算できる。

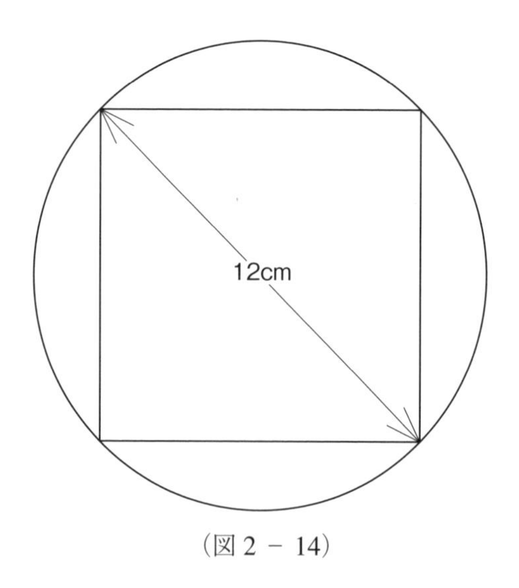

（図２－14）

もうちょっと難しい問題を挙げよう。いま、（図２－15）の「一辺の長さが 8cm の正方形が円に内接している。このとき、円の面積を求めよ」という問題を考える。正方形の面積は 64cm^2 だから対角線の長さ（すなわち、円の直径）を□ cm とすると、菱形の面積の公式から、□×□÷２＝64 である。すると、□×□＝128 である。ところが、小学生には□は求まらない。円の半径は□÷２であるから、円の半径も求まらない。これは困った。半径が求まらなければ、円の面積は計算できない。ところが、円の面積を求めるには、半径でなく、半径×半径が求まればよい。ここがポイントである。直径×直径＝128 だから、半径×半径＝32 である。従って、円の面積は 32 × 3.14 ＝ 100.48 となる。言われれば簡単だが、小学生には難しい。受験算数のテクニックと言えばそれまでであるが。

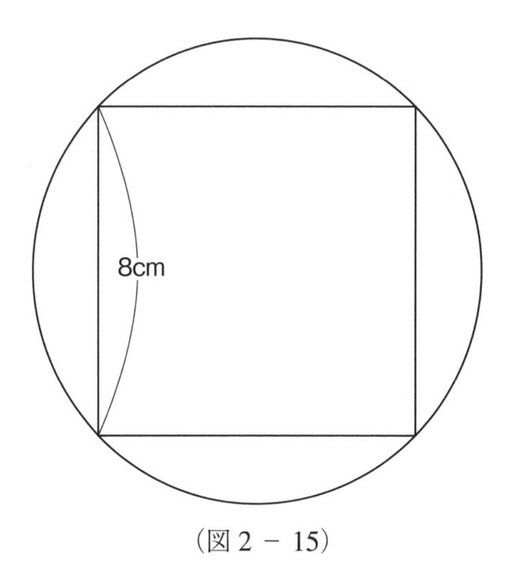

（図２－15）

受験算数の話題になったから、証明の探究とは離れるが、道草をしよう。高校数学の三角比に関係する受験算数の話題である。例題として、（図２－16）の二等辺三角形の面積を求める問題を考えよう。

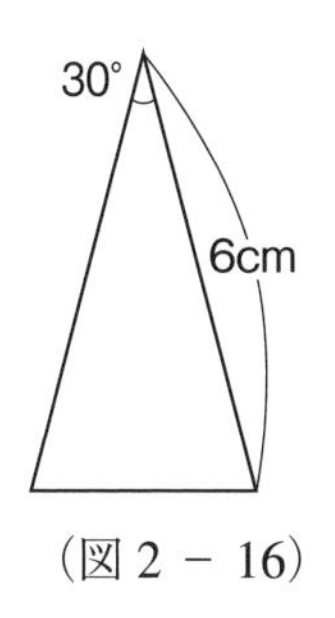

（図２－16）

いま、（図２－17）のように点線の補助線を引くと、30度、60度、90度の直角三角形ができる。その直角三角形の辺の長さの比は $1:2:\sqrt{3}$ であるから、点線の長さは3cmとなる。だから、面積は $6 \times 3 \div 2 = 9$ となる。

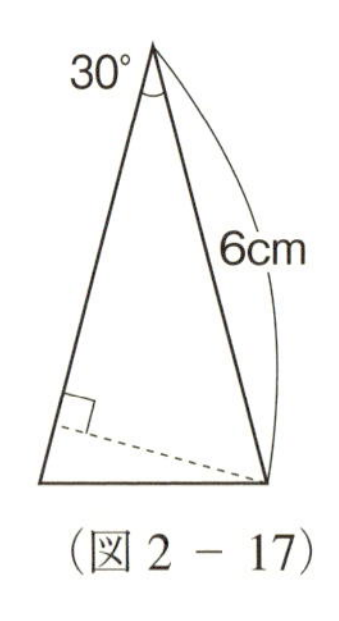

（図 2 － 17）

ところが、小学生は辺の長さの比 1：2：$\sqrt{3}$ は知らない。しかし、必要なのは、1：2 の比だけである。それだけならば、理由は簡単である。いま、（図 2 － 18）のように、30 度、60 度、90 度の直角三角形を二つ貼り合わせると、正三角形ができる。だから、辺の比は 1：2 となる。なお、30 度、60 度、90 度の直角三角形は三角定規の一つである。三角定規は、正方形を対角線で二つ折りした直角二等辺三角形と正三角形を対称軸で二つ折りした 30 度、60 度、90 度の直角三角形である。だから、辺の比が 1：2 となることは、三角定規を導入するときに習得すべき事実である。

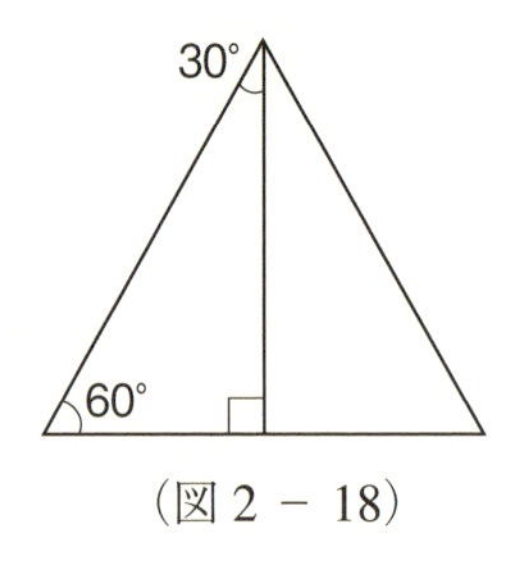

（図 2 － 18）

他方、（図 2 － 16）のような頂角が 30 度の二等辺三角形は正十二角形を対角線で 12 等分したときの一つになる。すると、正十二角形の面積は、対角線の長さがわかれば計算することができる。正十二角形の面積を求める問題も受験算数として、毎年、どこかの中学校で出題されている。

受験算数の話を続ける。受験算数は、筆者のような素人にはなかなか難しいが、『中学への算数』（東京出版）などを眺めているとなかなか楽しい。

○○算と呼ばれるものがたくさんあることに驚く。鶴亀算などは知っているが、ニュートン算などは聞いたことがない。たとえば、次のような問題が典型的なニュートン算である。

問題 2 − 1　ある牧場の草を牛が食べる。牛が 40 頭ならば、ちょうど 8 日で草はなくなり、牛が 70 頭ならばちょうど 4 日で草はなくなる。この牧場に牛を 50 頭入れるとちょうど何日で草はなくなるか。但し、一日に牛一頭が食べる草の量と、一日に生える草の量は、それぞれ、一定である。

この問題を中学数学の文字式と方程式の問題だと思うと、できることはできるが、文字が 4 個も必要であるから、それほど簡単ではない。実際、

[解答例]（中学数学）はじめに牧場に生えている草の量を a とする。一日に牛一頭が食べる草の量を x とし、一日に生える草の量を y とする。すると、8 日間で生える草の量は $8y$ である。他方、40 頭の牛が 8 日間で食べる草の量は $8 \times 40 \times x$ である。すると、ちょうど 8 日で草はなくなるのだから、$a + 8y = 320x$ である。同様に考えると、牛が 70 頭ならばちょうど 4 日で草はなくなるのだから、$a + 4y = 280x$ である。これらの $a + 8y = 320x$ と $a + 4y = 280x$ の辺々を引くと $4y = 40x$ となる。すると、$y = 10x$ である。これを $a + 4y = 280x$ に代入すると、$a = 240x$ を得る。いま、牛を 50 頭入れるとちょうど t 日で草がなくなるとすると、$a + ty = 50tx$ である。ここで、$a = 240x$ と $y = 10x$ を代入すれば、$240x + 10tx = 50tx$ となる。この両辺を x で割ると、$240 + 10t = 50t$ となる。すると、$t = 6$ が答である。

他方、小学生の受験算数ならば、

[解答例]（受験算数）一日に牛一頭が食べる草の量を①とし、一日に生える草の量を[1]とする。すると、8 日間で生える草の量は[8]である。他方、

40 頭の牛が 8 日間で食べる草の量は(320)である。これを線分図に表すと

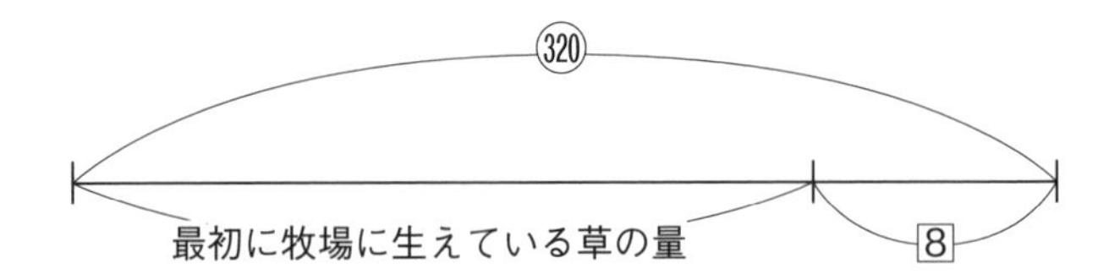

となる。他方、牛が 70 頭ならばちょうど 4 日で草はなくなるのだから、それを線分図に表すと

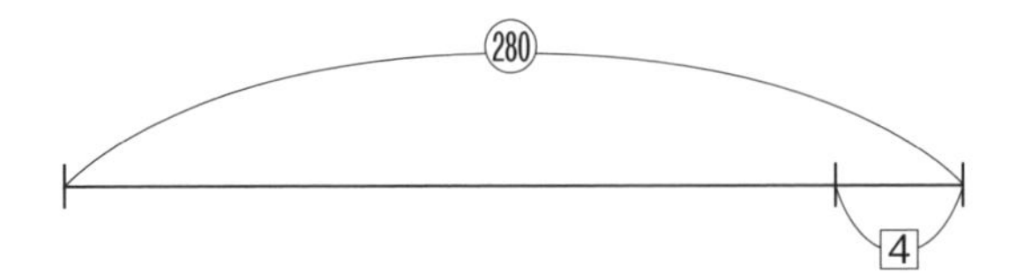

となる。ここで、2 本の線分図の差を考えれば、はじめに牧場に生えている草の量は消え、4 = ㊵である。すると、1 = ⑩を得る。これより、線分図は

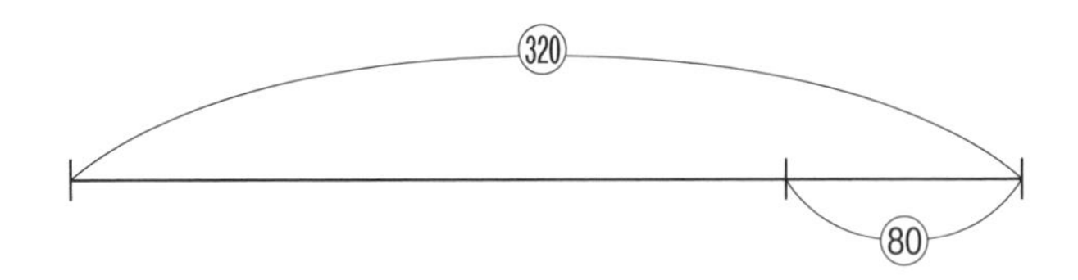

となるから、はじめに牧場に生えている草の量は(240)である。いま、牛を 50 頭入れると一日に㊿草が減り、一日に⑩草が生える。すると、一日に㊵草が減る。はじめに牧場に生えている草の量は(240)であるから、ちょうど 6 日で草がなくなる。

中学数学の解答例と受験算数の解答例を対比させると面白い。受験算数のテクニックは（①を使うから）イチマル解法と呼ばれる。線分図を使う

問題としては高級な問題であるから、慣れていないと、ちょっと難しい。

受験算数では方程式は“禁じ手”のようだ。だから、個々の○○算特有の解法のテクニックを習得することが必須である。でも、簡単な方程式が使えると便利だとも思う。もちろん、未知数 x は使えないから、□を使う。□が一つならば、単なる逆算であるが、□が両辺にあれば方程式になる。両辺に□の何倍かを足すか引くかをして、一方の□を消すだけだから、そんなに難しくはない。簡単な方程式が解ければ、過不足算、年齢算などには便利である。

受験算数の醍醐味の一つは空間図形の問題だろう。立方体を平面で切断したときの切り口がどうなるかなどは、慣れていないと豆腐を包丁で切ってみないとわからないように思う。しかし、切断の作図方法は秘訣を知れば簡単で、機械的に作図できる。しかし、立方体を何個も積み重ね、それを平面で切断する問題は、きわめて難解である。立方体の展開図も受験算数では頻出する。立方体の展開図は全部で 11 個あるが、それらをちゃんと覚えることは難しい。誰が考えたのかは知らないのだが、面白い覚え方がある。けれども、進学塾の秘伝かも知れないので、本著で紹介することはできない。

円の回転数の問題を紹介する。受験算数では有名なのだろうが、受験算数に無縁な筆者には、このような問題が受験算数に出題されることなど、全く知らなかった。まず、（図 2 － 19）のように、半径 3cm の円 A に外接する半径 1cm の円 C がある。円 C が滑ることなく回転しながら円 A の周りを一周するとき、円 C は何回転するか。他方、（図 2 － 20）のように、半径 3cm の円 A に内接する半径 1cm の円 C がある。円 C が滑ることなく回転しながら円 A の周りを一周するとき、円 C は何回転するか。

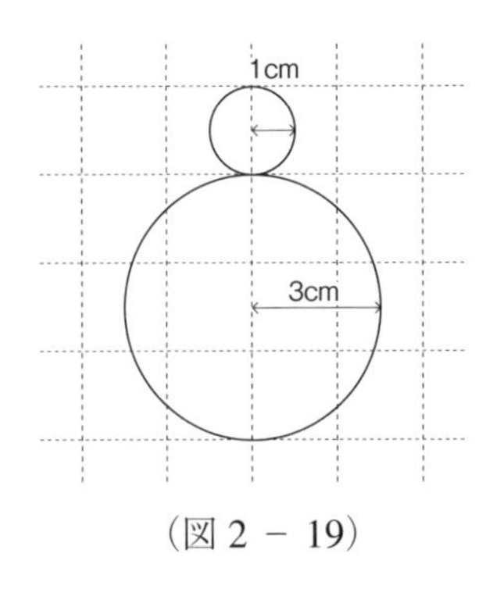

（図 2 － 19）

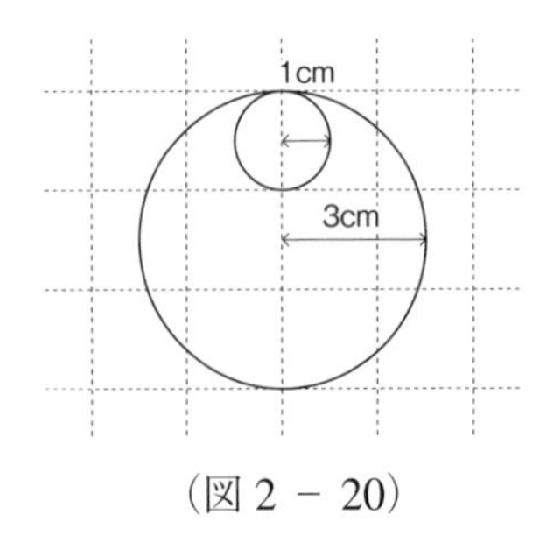

（図 2 － 20）

円 A と円 C の円周の長さの比は 3：1 だから、3 回転と思うが、そうではない。もちろん、（図 2 － 21）のように、円 A の円周と同じ長さの直線を円 C がすべることなく回転するときは、なるほど、3 回転する。

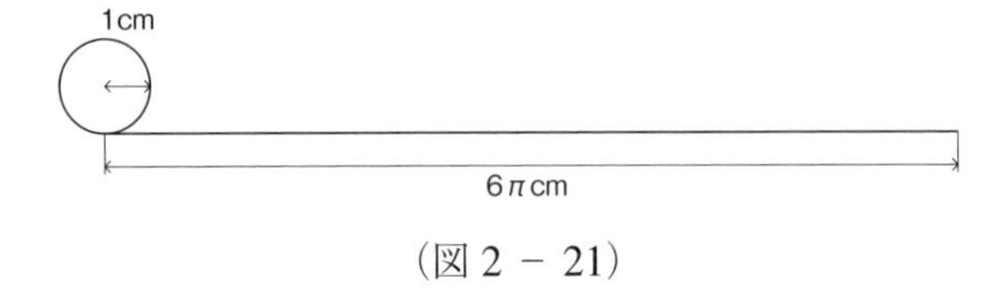

（図 2 － 21）

答は、外接の場合は 4 回転、内接の場合は 2 回転である。このからくりを理解するにはどうすればよいだろうか。回転をしないで滑るときを考えると、直線の場合は、回転数は 0 であるが、外接する場合の回転数は 1 であり、内接する場合の回転数は -1 である。だから、外接する場合の回転数は 1 増え、内接する場合の回転数は 1 減るのである。

第3章　11の倍数の判定法

第3章では、整数が11の倍数であるか否かを判定する方法とその証明を紹介する。受験算数でもときどき11の倍数の問題は出題される。たとえば、

問題3－1　5桁の整数13□75が11の倍数となるように□に数字を入れよ。

[解答例]　11000と66は11の倍数であるから、13□75が11の倍数であるならば、それから11000と66を引いた2□09も11の倍数である。受験算数ならば、あれこれ考えるよりも、□に0から9までを入れて答を探すのも一案である。しかし、それでは趣が乏しい。少し工夫をしよう。まず、□に0と1を入れるとどちらも11の倍数にはならない。だから、□は2以上である。すると、商は3桁になる。しかも、百の位は2であり、一の位は9となる。ここまでやれば、残りは簡単な虫食い算である。

いま、□0から□□を引くと、(一の位が) 9となるのだから、□□の一の

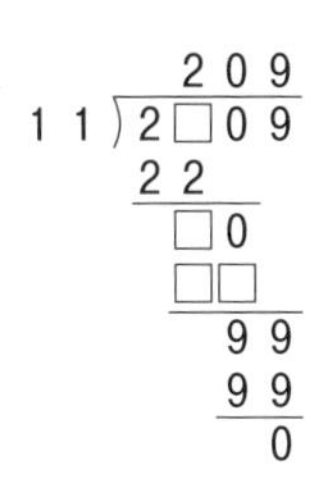

位は 1 である。一の位が 1 である 11 の倍数は 11 だから、□□は 11 である。これより、□ 0 は 20 である。すると、2 □ 09 の□は 4 である。だから、4 が答となる。

虫食い算の話になったから、道草になるけれど、虫食い算で遊ぼう。これも中学入試の受験算数の問題である。

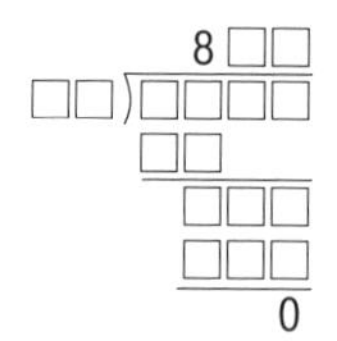

ぎょっとするが、8 ×□□が 2 桁となる数□□が 10 か 11 か 12 かの何れかであることに着目すれば、これらが割る数□□の候補である。一つずつやってみればいいだろう。このようなパズルみたいな問題には筆者は縁がないが、一体、虫食い算はどこまで複雑にできるのだろうか。たとえば、この例のように、数字が 2 個だけ記載されており、残りは□になっている割り算の虫食い算では、□の個数は何個まで増やせるのだろうか。何個までも増やせるのだろうか。この類(たぐい)のことも、受験算数、あるいはパズルの専門家には、周知なのだろうか。

道草から本論に戻る。繰り返すが、整数が 11 の倍数であるか否かを判定する方法とその証明を紹介することが第 3 章の目的である。算数とも数学とも縁が薄くなってしまった読者も想定し、倍数の復習から始めよう。簡単なウォーミングアップである。

- 整数が 2 の倍数であるか否かは、偶数か奇数かということだから、一の位が 0, 2, 4, 6, 8 であれば 2 の倍数であり、一の位が 1, 3, 5, 7, 9 であれば 2 の倍数ではない。
- 整数が 3 の倍数であることの判定法は中学数学の文字式の計算の応用問題の一つだと思うが、整数の各位の数の和（たとえば、20576 ならば各位の数の和は20である）が3の倍数か否かで判定ができる。これなど、算数とも数学とも縁が薄くなってしまった読者にはいささか難しいかも知れない。すっかり忘れた読者は無視してください。単なるウォーミングアップですから。

・整数が4の倍数であるか否かは、下2桁が4の倍数であるか否かで判定できる。その理由は100が4の倍数だから。
・整数が5の倍数となるのは、一の位が0または5のときである。
・整数が6の倍数であるには、2の倍数であり、しかも3の倍数であればいいから、2の倍数と3の倍数の判定法が使える。すなわち、一の位が0, 2, 4, 6, 8であって、しかも各位の和が3の倍数であれば6の倍数となる。
・整数が7の倍数であることを判定するのは煩わしい。判定法はあるにはあるのだが、そんな判定法を使うならば、さっさと割り算すればいいだろうと思うかもしれない。しかし、11の倍数の判定法を紹介した後、7の倍数の判定法にもちょっと触れる。インターネットで「7の倍数の判定法」と入れて検索すると判定法が紹介されている幾つかのホームページに辿り着く。
・整数が8の倍数であるか否かは、下3桁が8の倍数であるか否かで判定できる。その理由は1000が8の倍数だから。
・整数が9の倍数であることは、各位の数の和が9の倍数か否かで判定ができる。整数が3の倍数であることの判定法の類似である。すっかり忘れた読者は無視してください。

以下、整数が11の倍数であるか否かを判定する方法を紹介し、それを証明する。一般の教科書ならば、判定法を定理と記載し、それを証明し、例と練習問題を加えればそれで十分である。しかし、そうすると、紙面が余ってしまう（？）という困ったことにもなるし、いきなり判定法を読んでもさっぱりとわからない恐れもある。特急列車のグリーン車の旅も快適であるが、ボロボロ椅子の鈍行列車に乗って駅弁を食べながら車窓の風景をのんびり眺める旅も趣がある。

まず、典型的な11の倍数を列挙しよう。

```
          99 (=11×9)
         990 (=11×90)
        9999 (=11×909)
       99990 (=11×9090)
      999999 (=11×90909)
     9999990 (=11×909090)
    99999999 (=11×9090909)
   999999990 (=11×90909090)
```

（表3－1）

これらが11の倍数であることに疑問の余地はない。これらの数は、偶数桁ならば9ばかりが続き、奇数桁ならば一の位が0で残りの位は9である。なお、990が11の倍数だからそれに9を加えた999は11の倍数とはならないことに注意する。同様に考えると、99999（＝99990＋9）も11の倍数ではない。すなわち、9が奇数個続く奇数桁の数は11の倍数ではない。

さて、これらの11の倍数をもっと華麗に表現しよう。一の位が0である奇数桁の数字に11を加える。そうすると、（表3－1）は

```
        99
      1001
      9999
    100001
    999999
  10000001
  99999999
1000000001
```

（表3－2）

となる。これらはすべて11の倍数である。ここまでくると何をやろうとしているのかが明白になる。そうですね、99を100－1とし、1001を1000＋1などとし、（表3－2）を表示すると、11の倍数の華麗な列

```
          10+1
         100−1
        1000+1
       10000−1
      100000+1
     1000000−1
    10000000+1
   100000000−1
  1000000000+1
```

（表3 − 3）

ができる。但し、（表3 − 3）の一段目の10＋1は（表3 − 2）にはないけど。あたりまえなことをあたりまえにやっているのだから、驚くことは何もないが、だけど、11の倍数をこのように奇麗に並べたことは読者にもあまり経験はないと思う。この11の倍数の列を眺めると、誰でも、次の事実を認識できる。

「正の整数nがあったとき、

$$10^{2n}-1 \quad と \quad 10^{2n-1}+1$$

は両者とも11の倍数である」

もちろん、ちゃんと証明をしなければならない。数学的帰納法を使うこともできるが、数学的帰納法は第6章において、華々しく舞台に登壇するから、ここで面と向かって使うことは反則である。だけども、数学的帰納法とは言わないまでも、数学的帰納法の着想を持つような証明をやってみる。

［証明］いま、（表3 − 3）の数字の列の一段目の10 + 1と二段目の100 − 1を加えると110となり11の倍数である。同様に、二段目と三段目を加えると1100となり11の倍数である。一般に、k段目とk + 1段目を加えると11の倍数である。さて、一段目は11の倍数である。すると、一段目と二段目を加えると11の倍数になることから、二段目も11の倍数である。する

と、二段目と三段目を加えると 11 の倍数になることから、三段目も 11 の倍数である。この操作をずっと続けると、すべての段の整数が 11 の倍数となることが従う。(証明終)

これで証明になっている。もっとも、'この操作をずっと続けると' という箇所が何となく誤魔化しているような雰囲気が漂うが。数学的帰納法をご存知の読者ならば、数学的帰納法を使って…とやればいいのであるが、そのことは、数学的帰納法の第 6 章に譲る。それは兎も角、このように証明すれば、算数の得意な小学生ならば納得できる。

別の証明を紹介する。けれども、以下の証明では、高校数学の因数定理を使うから、算数の知識だけではちょっと難しい。

[証明] 文字 x の整式

$$f(x) = x^{2n} - 1 \quad と \quad g(x) = x^{2n-1} + 1$$

を考える。すると、$f(-1) = 0$ であり、$g(-1) = 0$ だから、因数定理から、整式 $f(x)$ と $g(x)$ の両者は $x+1$ で割り切れる。実際、

$$f(x) = (x+1)(x^{2n-1} - x^{2n-2} + x^{2n-3} - \cdots + x - 1)$$
$$g(x) = (x+1)(x^{2n-2} - x^{2n-3} + x^{2n-4} - \cdots - x + 1)$$

と因数分解できる [もっとも、因数定理などを知らなくとも、因数分解の結果である右辺を教えてもらえば、それが $f(x)$ なり $g(x)$ なりと一致することをチェックすることはできるから、因数定理を知らない読者はそのように納得すればいいだろう]。いま、$f(x)$ と $g(x)$ の x に 10 を代入すると、$x+1$ は 11 になるから、$f(10)$ と $g(10)$ の両者が 11 の倍数になることが従う。ところが、

$$f(10) = 10^{2n} - 1 \qquad g(10) = 10^{2n-1} + 1$$

であるから、$10^{2n}-1$ と $10^{2n-1}+1$ は両者とも 11 の倍数である。（証明終）

整数 $10^{2n}-1$ と $10^{2n-1}+1$ の両者が 11 の倍数であることがわかれば、整数が 11 の倍数であるか否かの判定法を導くことができる。

正の整数 a は N 桁の整数であるとし、1 の位を a_0、10 の位を a_1、100 の位を a_2、. . . . 、10^{N-1} の位を a_{N-1} とする（たとえば、$a=35209$ ならば $N=5$ であって、$a_0=9,\ a_1=0,\ a_2=2,\ a_3=5,\ a_4=3$ である）。整数 a は、もちろん、十進法で表しているのだから、

$$a=a_0+10a_1+10^2a_2+\cdots+10^{N-1}a_{N-1}$$

となる。数列に慣れている読者ならば、

$$a=\sum_{i=0}^{N-1}10^i a_i$$

と表記してもいいだろう。一般に、ある整数が 11 で割り切れるか否かという性質は、その整数から 11 の倍数を引いても変わらない。（何も 11 に限ることはないが…）だから、11 の倍数

$$(10^{2i}-1)a_{2i}=10^{2i}a_{2i}-a_{2i}$$

と

$$(10^{2i-1}+1)a_{2i-1}=10^{2i-1}a_{2i-1}+a_{2i-1}$$

を a から引いても a が 11 で割り切れるか否かという性質は変わらない。いま、

$$10^{2i}a_{2i}-a_{2i} \qquad 10^{2i-1}a_{2i-1}+a_{2i-1}$$

なる表示（但し、i は正の整数）は、10 の冪（べき）が偶数であるか、奇数であるか

の場合分けをしているから、それを

$$10^i a_i - (-1)^i a_i$$

とすれば、場合分けが不要になる。なお、ここまでは10の冪は正の整数としているが、10の冪が0のときは、$10^0 = 1$ であるから、$10^0 a_0 - (-1)^0 a_0 = 0$ も 11 で割り切れる整数である。すると、

$$b = \sum_{i=0}^{N-1} (10^i a_i - (-1)^i a_i)$$

は 11 で割り切れる。いま、a から b を引くと、

$$\sum_{i=0}^{N-1} (-1)^i a_i$$

すなわち、

（＊）　　$$a_0 - a_1 + a_2 - \cdots + (-1)^{N-1} a_{N-1}$$

となる。だから、a が 11 の倍数であるか否かは（＊）が 11 で割り切れるか否かで判定できる。もちろん、（＊）は 0 あるいは負の数になることもあるが、0 あるいは負の数になっても問題はない。一般に、倍数というときには正の整数についてのみ考えるのが慣習であるから、（＊）が 11 の倍数と言うと誤解がある恐れもあるが、（＊）が 11 で割り切れると言えば（＊）が 0 あるいは負の数であっても誤解はないだろう。

以上の議論を定理として纏(まと)めよう。

定理　正の整数 a は N 桁の整数であるとし、1 の位を a_0、10 の位を a_1、100 の位を a_2、…、10^{N-1} の位を a_{N-1} とする。このとき、a が 11 の倍数となるためには、

$$a_0 - a_1 + a_2 - \cdots + (-1)^{N-1} a_{N-1}$$

が 11 で割り切れることが必要十分である。

奇麗な定理である。素敵な定理である。過去の大学入試問題を調べると、この 11 の倍数の判定法の定理に関連する問題は、ときどき、整数問題として出題されているようだ。ちょっと驚き。と言うのは、筆者が受験生のときには 11 の倍数の判定法など知らなかったし、そのような大学入試問題を解いた覚えもないから。

ちょっと道草ですが、（表 3 － 2）の二段目の 1001 は不思議な数である。実際、

$$1001 = 7 \times 11 \times 13$$

と連続する 3 個の素数の積になっている。この不思議な 1001 を繰り返して使うと、7 の倍数、13 の倍数を判定できる。すなわち、整数 a があったとき、1001 をどんどん引いていけば、最終的には 1000 以下の整数 b になる。この整数 b が 7 の倍数、13 の倍数であれば、整数 a も 7 の倍数、13 の倍数である。整数 1001 を引くことは、計算が苦手な読者でも暗算で簡単にできる。もちろん 1000 は 7 の倍数でも 13 の倍数でもないから、原理的には 3 桁の整数が 7 の倍数、13 の倍数であることが判定できればよい。文字式の計算の応用例の一つとして、3 桁の 7 の倍数の判定法について考えよう。

「整数 a は 3 桁の整数であるとし、1 の位を a_0、10 の位を a_1、100 の位を a_2 とする。このとき、a が 7 の倍数であるためには、

$$a_0 + 3a_1 + 2a_2$$

が 7 の倍数になることが必要十分である」

［証明］整数 a を $a = a_0 + 10a_1 + 100a_2$ と表すと、

$$a - (a_0 + 3a_1 + 2a_2) = 7a_1 + 98a_2$$

である。ところが、98 は 7 の倍数であるから、$7a_1 + 98a_2$ は 7 の倍数である。すると、a が 7 の倍数であるためには、$a_0 + 3a_1 + 2a_2$ が 7 の倍数になることが必要十分である。（証明終）

たとえば、358254 が 7 の倍数であるか否かを判定しよう。まず、358254 から 100100 の 3 倍を引くと 57954 となる。その 57954 から 50050 を引くと 7904 となる。そこから 7007 を引くと 897 となる。だから、3 桁の整数 897 が 7 の倍数であるか否かを判定すればいい。折角（せっかく）だから、さきほどの 3 桁の 7 の倍数の判定法を使う。すると、$7 + 27 + 16 = 50$ となり、これは 7 の倍数でないから、358254 も 7 の倍数ではない（しかし、897 は 13 の倍数だから、358254 も 13 の倍数である）。だけど、筆算を使って最初から 358254 を 7 で割り算をするほうがずっと単純だろう。

話題を 11 の倍数に戻すが、11 の倍数の判定法の定理を使うと、冒頭の問題「5 桁の整数 13□75 が 11 の倍数となるように□に数字を入れよ。」は楽に解ける。すなわち、

$$5 - 7 + \square - 3 + 1 \ (= \square - 4)$$

が 11 で割り切れればいい。でも、□は 0 から 9 までのいずれかであるから、$\square - 4$ が 11 で割り切れるには、$\square - 4 = 0$ でなければならない。すると、$\square = 4$ となる。冒頭の解答例の虫食い算よりもずっと簡単だ。しかし、冒頭の問題にこのような 11 の倍数の判定法の定理を使うことは、なんとなく、孔子の言葉「鶏を割くに焉んぞ牛刀を用いん」のような雰囲気であるが。

しかし、そもそも、どうして中学入試の受験算数に冒頭のような問題を出題する必要があるのか。冒頭のような筆算の解答を要求しているとする

と、まあ、考える問題を出題したのかなあ、と肯定的に弁護もできる。あるいは、□に0から9まで入れて割り算をせよ、ということを要求しているのか。でも、中学入試のような限られた制限時間内にこのような悠長な解答をやることは無理だ。然らば、11の倍数の判定法を知っているか否かの知識を問うのか（恐らく、そうだろう）。だとすると、出題者は全くの愚か者だ。そのような入試問題が出題されるとなると、中学受験塾などでは、11の倍数の判定法を教えなければならないが、受験生の小学生はその定理をそのまま覚えるだけだ。証明もわからない定理をそのまま覚えて問題を解く訓練を小学生がするのはいかがなものか。しかし、受験塾にしても、そのような訓練をしなければ難関中学校に合格できないから、どんどん訓練させる。証明がわからなくてもテクニックを覚えて、それを使いこなせるようになることは、受験算数にしても、受験数学にしても、やっぱり王道か。ちょっと寂しい。だからこそ、本著のような「証明の探究」は、文科系の大学生の一般教養の数学のテーマとしてはとても望ましい。

紙面に余裕があるから、筆者の教育談をやろう。教育は詰め込み教育に限る。と言うか、知識を詰め込むことが教育の本質である。筆者は、毎年、大阪大学の新入生にも必ずそのことを言っている。寺子屋だってそうである。読み・書き・算盤はすべて知識を詰め込むことである。算盤は知識を詰め込むことではないかもしれないが、しかし、考えるものではない。知識が乏しければ、何も考えることはできない。筆者が小学生、中学生の頃の教育は、欧米諸国に追いつけ追い越せという時代的な背景もあって、詰め込み教育、理系偏重の教育の真っ盛りであった。でも、知識を詰め込むにしても、たとえば、理科では実験を重視していたから、教科書を読んで覚える知識を詰め込まれたとは思っていない。詰め込むにしても、授業の時間数は十分にあったから、授業にはたっぷりとゆとりがあった。だから、「詰め込み」と「ゆとり」とは相反するものではない。前者には後者は不可欠である。筆者にとって、小学校高学年のときの理科の実験はとても楽しいものであった。小学校6年生のとき、自分で材料を買って大きなモーターを作った。モーターが回る原理だってちゃんと学校で教えてくれたから、作ってみようと思い、やってみた。ところが、どうやっても回らない。配線だって、磁石の位置だって何も誤りはないのにどうしてまわらないのか、とあれこれ考えた。だから、詰め込み教育で知識を詰め込めば、必然的に考えることもできるのだ。全くの偶然であるが、ちょっと軸を動かした途端に勢いよくモーターが回転を始めた。軸の位置がちょっとだけずれていたことが原因であったようだ。その手作りモーターが回った瞬間の深い感動はいまでも鮮明に覚えている。たとえるならば、鉄棒の逆上がりがいつまでもできない子供が、初めて逆上がりに成功した瞬間と同じような感動であろうか。

筆者の小学校の卒業文集では、将来は天文学者になる夢を作文した。天文学者への夢は、やがて、数学者への夢になるのであるが。

筆者が小学生の頃は、科学技術の進歩は凄まじかったし、それを肌身で感じることができた。東海道新幹線が開業し、筆者の住んでいた名古屋から東京が日帰りできるようになったことは驚きであった。テレビ番組でも「鉄人 28 号」「鉄腕アトム」などが流行(はや)り、敷島博士、お茶の水博士など、子供の憧れであった。筆者の世代では、敷島博士、お茶の水博士に憧れ、研究者への道を志した子供が多かったのではなかろうか。

天文学者になる夢を抱いたのは、やっぱりアポロ計画の影響であったと思う。同時通訳などというものを知ったのも、アポロ計画の中継のときである。アポロ 8 号、9 号、10 号と次々と成功し、1969 年 7 月、アポロ 11 号が月面に着陸した。アポロ計画は筆者を含む多くの少年の科学者への憧れを誘った。その頃の筆者は、毎夜、天体望遠鏡で月を眺めていた。いまにして思えばたわいないことであるが、筆者は天体望遠鏡で月面に着陸したアポロ 11 号が覗けるものと信じていた。しかし、これはもちろんできるわけがない。筆者が持っている天体望遠鏡の倍率の問題もそうであるが、もっと本質的なことがある。アポロ 11 号が着陸した「静かの海」は月の裏面にある。月はいつでも地球に同じ面を向けている。地球からは、月は表(おもて)面しか眺めることができない。月の裏側は地球から見ることはできないのである。その理由を問うことは、中学入試の理科の問題にもときどき出題される。月の自転周期と公転周期が等しく、月の自転と公転の方向が等しいことが原因である。国産の月探査機「かぐや」は、はたして、アポロ11号のアームストロング船長が掲げた星条旗を探すことができたのだろうか。もちろん竹取物語のかぐや姫を探すことはできないだろうが。

証明の探究とは無関係であるが、月の話を続けよう。月の話をしていると、天文学者に憧れた小学生の頃の懐かしい思いが蘇（よみがえ）るからだ。与謝蕪村の有名な俳句に

菜の花や月は東に日は西に

がある。蕪村が眺めた月はどんな月だったか。国語の問題ならば、俳句に詠むのだから、恐らく、満月だろうと答えるだろう。しかし、これは立派な理科の問題である。菜の花だから季節は春、日は西にということは夕方であるから、午後6時頃だろう。午後6時に東から昇る月は、季節には無関係で、いつも満月である。だから、正解は満月である。午後6時の月の位置を覚えることは楽しい。中学入試の受験理科の基礎知識であるが、知らない大人も多いだろう。覚えると言っても、地球と月の位置関係から簡単に説明できる。西から約30度の付近にあるのが三日月、南中しているのが上弦の月、東から昇るのは満月である。下弦の月は地平線の下に沈んでおり、下弦の月が昇るのは、真夜中である。

上弦の月は吉田拓郎が歌った名曲「旅の宿」の3番の歌詞にもでてくる。著作権保護の観点から歌詞をそのまま掲載することはできないが、旅の宿という題目から想像できるように、宿の窓から上弦の月を眺めるという趣旨である。上弦の月は午後6時に南中し、真夜中には西の空に沈む。だから月を眺めているのは午後6時から真夜中である。歌詞には浴衣もでてくるから季節は夏であろうか。そうすると、月を眺めているのは午後8時から午後10時頃か。そうすると、月は真南よりも西に傾いているから、宿の窓もその南西方向が眺められるところに位置しているのだろう。上弦の月が下弦の月だったら、時間帯は真夜中から夜明け前になるし、窓の方向も南東なのだろう。こんな具合に月の知識をちょっと持っていると俳句や歌詞

を分析するのもなかなか楽しい。しかし、そこまで分析しては興醒めか。

筆者が小学校の理科で学んだ知識には、しかし、全くのナンセンスなこともある。どうして地球が丸いことがわかるか。その理由の一つとして、海岸で遠くからやってくる大きな船を眺めると船の帆の先端から見えるから、と説明し（図３－１）のような絵が載っていた。筆者もなるほどと思ったが、（図３－１）は地球の縮尺と船の縮尺が全く異なっている。実際、そのような経験などできなかったが、試験に出題されたときは、そのように解答し、正解とされていた。

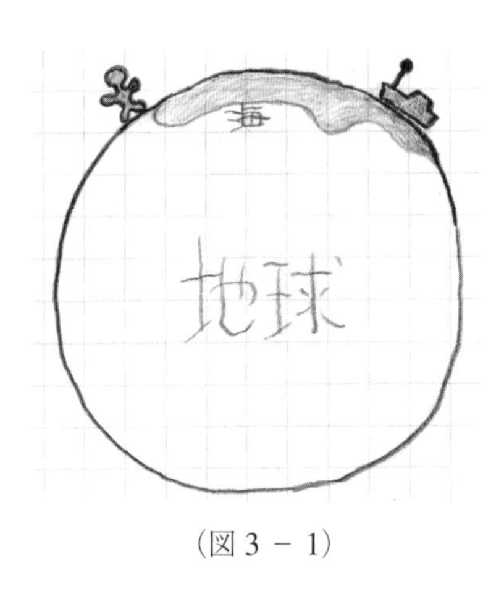

（図３－１）

第4章 背理法（基礎編）

背理法と数学的帰納法は、高校数学の教科書でも軽く触れられているだけのようでもあるし、大学入試問題にもあまり出題されなくなったらしいから、進学校でもちゃんと教えていないということもしばしば聞く。しかし、大学の理科系の数学では、背理法と数学的帰納法は、頻繁に使われる。しかも、大学の講義では、本著のように懇切丁寧な解説をする教員は滅多にいない。ちゃんと知っているよね、と言った具合に背理法も数学的帰納法もあたりまえのように証明に使う。だから、理科系の受験生は、背理法と数学的帰納法を大昔の大学入試問題などを探し、それなりの学習はすべきであろう。然らば、文科系の受験生は、背理法と数学的帰納法は知らなくてもいいのかと問われるかも知れない。しかし、そうではない。数学は人類が創造した文化的無形遺産であるが、その遺産のなかでも、誰にでもその原理を理解することができ、しかも数学の理論を築くための骨格となる背理法と数学的帰納法は、万人が享受（きょうじゅ）すべきものである。

背理法を導入する準備として、「矛盾」とは何かを語らなければならない。矛盾とは辻褄（つじつま）が合わないこと、筋道が通らないことである。矛盾の由来は『韓非子』の一篇「難」からの故事成語である。漢文で習ったと思うが、原文、読み方、現代語訳をちょっと復習しよう。

楚人有鬻楯與矛者。
譽之曰、吾楯之堅、莫能陷也。
又譽其矛曰、吾矛之利、於物無不陷也。
或曰、以子之矛、陷子之楯何如。
其人弗能應也。

楚人に楯と矛とを鬻ぐ者有り。
之を誉めて曰く、吾が楯の堅きこと、能く陥すもの莫し、と。
又其の矛を誉めて曰く、吾が矛の利きこと、物に於て陥さざるは無し、と。
或ひと曰く、子の矛を以て、子の楯を陥さば何如、と。
其の人応うること能わざりき。

楚の国に（敵の攻撃を防ぐ道具である）盾と（両刃の剣に長い柄をつけた槍のような武器である）矛を売る商人がいました。その商人は楯を売るときには、「この盾はとても堅いので、どんな鋭い矛でも突き通すことはできません」と言い、矛をうるときには、「この矛はとても鋭いので、どんな堅い盾でも突き通します」と言いました。それを聞いた客の一人が、「それじゃあ、あなたの矛であなたの盾を突いたらどうなるんでしょうか」と尋ねたところ、その商人は返答に困ってしまった。

とても面白い話だ。類似の話を作文する。「投打に優れた野球選手がいる。投手としての彼は『僕の投げる球は誰も打てない』と自慢し、打者としての彼は『誰の投げる球でも僕は打てる』と自慢する。それを聞いていた友達が『それじゃあ君の投げる球を君が打ったらどうなるんだい』と尋ねると、『うーむ、そう問われると困るね…でも、僕が投げて僕が打つのは無理だよ』と言い訳した」まるで星飛雄馬と花形満を一人で演じる天才野球選手である。（星飛雄馬と花形満を知らない読者は無視してください。）

数学の教科書には、定義、定理、命題、補題、系などの用語が使われる。それぞれ、英語にすると、Definition、Theorem、Proposition、Lemma、Corollary となる。「定義」とは数学的な概念の正確な意味付け（すなわち数学の議論をするときの約束）である。「定理」とは、きわめて重要な価値のある数学的結果のことである。「命題」は定理ほどの価値はない（けれども、それなりの）数学的結果のことである。「補題」は、定理あるいは命題を証明するための準備となる補助的な結果である。「系」とは定理（あるいは命題、補題）から直ちに導かれる結果である。であるから、同じ数学的結果でも、状況により、あるいは、個人的な趣味によっては、定理にもなるし、命題にもなるし、補題にもなるし、系にもなる。

ところが、言語学、論理学で使う「命題」の意味は全く異なる。言語学や論理学の素人が深入りするのは危険であるが、「命題」とは真偽のはっきりしている文のことである。たとえば、「貴女（あなた）は魅力的だ」という文は命題ではない。真偽がはっきりしないからだ。しかし、この言葉の話者にとっては紛れもなく真実である。「貴女は魅力的だ。なぜならば、私は貴女のことを考えると夜も眠れなくなる」と言えば、真実であることの証明まで語っていることになる。では、どうして命題ではないのか。それは、「貴女はとても魅力的だ」と言っておきながら、もっと魅力的は女性が現れれば、その貴女は、もはや魅力的ではなくなる恐れもあるからだ。真偽というのは不変でなければならない。だから、「貴女は魅力的だ」は命題ではない。

いま、一つの命題「○○○ならば●●●である」があったとしよう。○○○が仮定であり、●●●が結論である。命題には、必ず仮定と結論がある。その命題の結論を否定し、矛盾が導けるとする。すると、結論の否定は誤りであることになる。すなわち、その命題は真ということになる。このような論法を「背理法」と呼ぶ。「背理法」は日常生活でも使う。中学入試の受験算数から、背理法の考え方を使う問題を挙げよう。

問題４－１　雪子さん、月子さん、花子さんの３人が○×方式の試験を受けた。設問は５問あり、配点は、それぞれ１点である。次の表は、３人の解答と得点を表したものである。それぞれの問の正解は○であるか×であるか。

問題番号	1	2	3	4	5	得点
雪　子	○	×	○	×	×	4点
月　子	×	×	○	○	○	3点
花　子	○	×	×	○	×	4点

論理の問題は面白い。面白いからついつい夢中になって考える。そうすると、かなりの時間を費やす。その結果、時間切れになってしまう。大学入試と異なり、中学入試の制限時間は厳しい。だから、論理の問題は捨てることが鉄則のようだ。中学入試の算数は、7 割解ければ十分とのことだから、解く問題の取捨選択がポイントのようである。実際、捨て問と呼ばれるほとんど誰もやれない難しい問題も出題される。難しい問題を出題することはその中学校の権威を誇示するためのようであるが、そうだとするならば、難しい問題としても、教師の力量を感じさせるような独創性に満ちた素晴らしい問題を出題して欲しいものである。公立高校の入試問題をほとんどそのまま出題するようでは、権威も何もあったものではない。

[解答例]　雪子と花子の得点は両者とも 4 点である。だから、それぞれ一つの問題だけ誤答したことになる。問題 3 と問題 4 の解答は、雪子と花子で異なっているのだから、問題 3 にしても、問題 4 にしても、雪子と花子のどちらかは誤答している。もし、問題 1 の正解が×だとすると、雪子と花子の少なくとも一方は 2 題以上の誤答をしていることになり、得点が 4 点であることに矛盾する。すると、問題 1 の正解は○である。同様に考えると、問題 2 の正解は×、問題 5 の正解も×である。従って、問題 1、2、5 の正解は○、×、×である。すると、月子は問題 1、5 を誤答している。月子の得点は 3 点であるから、月子は、問題 1、5 以外は、すべて正答しなければならない。だから、問題 3、問題 4 の正解は○、○である。以上の結果、問題 1、2、3、4、5 の正解は○、×、○、○、×である。

解答例の下線部分の論法が背理法である。小学生にも理解できるように説明するならば、「もし△△△と仮定すると…となり矛盾する。従って、△△△という仮定は誤っている」という論法が背理法である。

余談であるが、定義と定理をちゃんと区別できていない小学生や中学生も多いようである。問題を解くときには、定義でも定理でもどちらでも知ったことではないからだ。もっとも典型的な例が二等辺三角形であろう。二等辺三角形とは、二つの辺の長さが等しい三角形のことである。これは二等辺三角形とは何かという約束であるから「定義」である。そして、二等辺三角形の両底角は等しいというのは、二等辺三角形の定義から導かれる性質を述べているのであるから「定理」である。中学入試の受験算数を学ぶときには、定義と定理をごちゃまぜにしていることが多い。二等辺三角形とあれば、二つの辺が等しい、二つの角が等しいを同じように使うし、慣れると、いつの間にか、二つの角が等しい三角形は二等辺三角形である、という定理の逆も、さもあたりまえのように使っている。受験算数を攻略するとき、論理を厳密に考える必要はないかも知れないが、中学数学を学ぶときにはちゃんと理解して欲しい。

問題4－2　51人を10組に分けたとき、どれかの組は必ず6人以上になる。これを証明せよ。

[解答例]　中学入試の算数には、証明など出題されないけれども、「証明せよ」を「理由を言え」とすれば、立派な入試問題になる。結論の「どれかの組は必ず6人以上」を否定すると、「どの組も5人以下」となる。それを仮定すると、10組の人数は多くとも50人となる。これは全員の人数が51人であることに矛盾する。すると、どれかの組は6人以上である。

問題4－3　賢者が3人いる。王様は賢者の頭にそれぞれ白または赤の帽子を冠（かぶ）せる。但し、少なくとも、一人は赤の帽子を冠っている。賢者は自分の帽子は見ることができないが、自分以外の二人の賢者の帽子は見ることができる。いま、賢者は自分の帽子の色がわかった時点でその色を言う、というゲームをする。ゲームが始まり、しばらく沈黙が流れた後、3人の賢者は同時に言いました。「私の帽子は赤です」。さて、どうして3人の賢者は自分の帽子の色が赤とわかったのか。

[解答例]　背理法を使うならば、3 人の帽子の色が（白、白、赤）の場合と（白、赤、赤）の場合に矛盾することを示せばよい。まず、（白、白、赤）とすると、赤の帽子を冠っている賢者はゲーム開始後、即答するはずである。少なくとも一人は赤の帽子を冠っているからである。即答することは、沈黙が流れたことに矛盾する。すると、（白、白、赤）の可能性は消える。次に、（白、赤、赤）とし、賢者 A は白、賢者 B は赤、賢者 C は赤とする。すると、賢者 B は赤と白の帽子が見えるから、もし、自分の帽子が白だとすると、賢者 C が即答するはずである。しかし、賢者 C は即答をしない。すると、賢者 B は自分の帽子が赤だとわかり、やはり即答ができるから、沈黙が流れたことに矛盾する。すると、（白、赤、赤）の可能性も消える。以上の結果、沈黙が流れたということは、3 人とも帽子の色は赤であることがわかり、沈黙の後、「私の帽子は赤です」と答えることができた。

以上の問題は、いずれも高校数学の教科書に掲載することはできないだろう。しかし、論理能力を鍛えるということからは面白い。高校数学の教科書の典型的な例は、やっぱり $\sqrt{2}$ が無理数であることの証明である。しかし、そもそも、高校生は有理数と無理数についての知識をちゃんと持っているか。そこで、有理数と無理数の復習から始める。

有理数とは分数のことである。もちろん、整数も分母が 1 の分数だと思うことにする。無理数とは、有理数ではない実数のことである。実数とは何ですか、と尋ねられると困る。昔だと、理科系の学部の解析入門で実数論を教えていた（あるいは、独学していた）のだろうが、いまでは、そのような余裕もないし、そのような解説がちゃんとしてある教科書もほとんどないし、そのようなことをちゃんと解説してあるような教科書を授業で使うことは困難である。しかし、授業で解説するか否かは兎(と)も角(かく)、そのような解説が載っている教科書を学生が購入することは大切だろう。やっぱり、解析入門は高木貞治（著）『解析概論』（岩波書店）に、線型代数は佐武一郎（著）『線型代数学』（裳華房）に限る。筆者が学生時代は、『解析概論』は箱入りの高級な書物であったけれど、いまでは、軽装版が出版され、安価ではあるけれども、箱もなければ、表紙も薄く、本箱に入れると、表紙もへなへなになってしまいそうである。厳めしい箱入りが懐かしい。

有理数とは分数のことだと言ったが、分数を小数に直すことを考える。分数（1より小さい正の分数）を小数に直すと、有限小数になるか、あるいは、循環小数になる。有限小数とは、0.40791のように、小数第 N 位（どれだけ N が大きくてもいい）までで止まっている小数である。循環小数とは、たとえば、

$$a = 0.272727...... \qquad b = 0.347270327032703......$$

のように、同じ数字の列が繰り返し現れている小数のことである。循環小数を表示するには、たとえば、

$$a = 0.\dot{2}\dot{7} \qquad b = 0.347\dot{2}70\dot{3}$$

のように表示する。それでは、有限小数にならなければ、どうして循環小数になるのか。たとえば、$\frac{1}{7}$ をやってみると のように、順次、7で割った

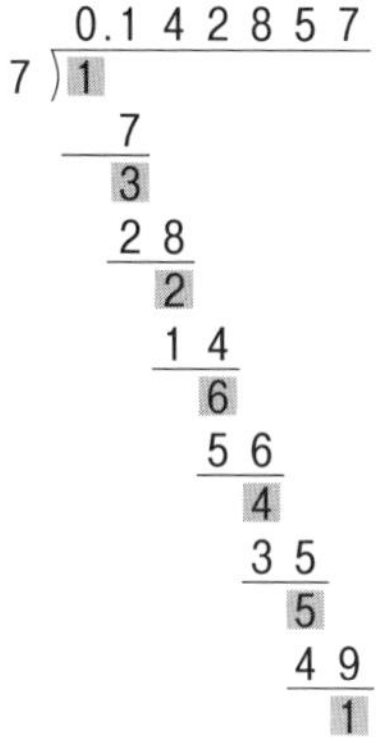

```
       0.1 4 2 8 5 7
    7 ) 1
        7
        3
        2 8
          2
          1 4
            6
            5 6
              4
              3 5
                5
                4 9
                  1
```

余り（網掛けの数字）を割り算する。しかし、7で割った余りは0から6のいずれかだから、6回目までの割り算で余りが0となるか、そうでなければ、同じ余りが現れる。同じ余りが現れれば、同じ割り算を繰り返すことになるから、循環小数となる。

逆に、循環小数は分数で表示できる。高校数学の無限等比級数の和のところの練習問題としてやってもいいが、中学入試の算数にもときどき出題される問題である。たとえば、循環小数 $a = 0.15374374374\ldots\ldots$ だったら、循環しない部分 0.15 と循環する部分 $b = 0.00374374\ldots\ldots$ にわける。すると、$c = 100b = 0.374374\ldots\ldots$ となる。いま、$1000c = 374.374374\ldots\ldots$ とすると、$1000c - 374 = c$ となるから、$999c = 374$ である。すると、$c = \frac{374}{999}$ だから、$b = \frac{374}{99900}$ である。これと $0.15 = \frac{15}{100}$ を加えれば、a の小数表示が得られる。この方法ならば、小学生でも理解できる。しかし、中学入試の算数に出題されたら、やったことがなければ、どうしようもない。

再度、復習すると、有理数とは分数のことで、1 より小さい正の分数は有限小数か循環小数である。すると、有理数とは、小数部分が有限であるか循環する数のことである。とすると、無理数とは、有理数（すなわち、分数）でない数ということだから、結局、小数部分が循環しない無限小数となる数である。有理数と無理数をあわせた数が実数である。たとえば、

問題 4 − 4　0.10100100010000...... は無理数であることを証明せよ。

[解答例]　この小数は 1 が小数点からどんなに遠いところにも現れるから有限小数ではない。従って、有理数と仮定すると、循環小数となる。循環部分を $a_1a_2\ldots a_N$ とする。すると、小数点から十分に遠いところでは $a_1a_2\ldots a_N$ が繰り返される。他方、小数点から十分に遠いところでは 0 が $3N$ 個以上続く箇所が繰り返し現れる。そうすると、$a_1a_2\ldots a_N$ はすべて 0 でなければならない。だとすると、この小数は有限小数となる。この矛盾は、この小数が循環小数であると仮定したことから生じた。従って、この小数は循環小数ではない。すなわち、無理数である。

懸案の $\sqrt{2}$ は無理数であることの証明をしよう。背理法を高校数学で導入するとき、その難点は、教科書に掲載するに相応（ふさわ）しい簡単な例がないことである。背理法に慣れた読者は、$\sqrt{2}$ が無理数であることを示すことなど簡

単ではないか、と思うかも知れないが、初心者にとっては、必ずしもそうではない。

定理　$\sqrt{2}$ は無理数である。

［証明］背理法を使う。$\sqrt{2}$ が有理数であると仮定し、

$$\sqrt{2} = \frac{p}{q}$$

と置く。但し、p と q は正の整数で $\frac{p}{q}$ は既約分数とする。(既約分数とは、約分のできない分数のことである。) もちろん、$\sqrt{2} > 1$ であるから、$\frac{p}{q}$ は仮分数である。

いま、$\sqrt{2} = \frac{p}{q}$ の両辺を 2 乗すると、$(\sqrt{2})^2 = 2$ から $2 = \frac{p^2}{q^2}$ となる。すると、

$$(\#) \qquad 2q^2 = p^2$$

である。左辺 $2q^2$ は偶数だから右辺 p^2 も偶数である。一般に、<u>奇数と奇数の積は奇数</u>であるから、p^2 が偶数ならば p 自身が偶数でなければならない。そこで、$p = 2r$ と置く。次に、$p = 2r$ を $2q^2 = p^2$ に代入すると、$2q^2 = 4r^2$ となる。両辺を 2 で割ると、$q^2 = 2r^2$ となる。ここで右辺 $2r^2$ は偶数だから左辺 q^2 も偶数である。すると、q も偶数である。以上の結果、p と q の両者が偶数となり、$\frac{p}{q}$ が既約分数であるという仮定に矛盾する。(証明終)

以上が高校数学の教科書に載っている $\sqrt{2}$ が無理数であることの証明である。初心者にとっての難所は、下線部分の事実を繰り返し使うところにある。その事実そのものが難しいのではなく、繰り返し使ってしまうと、何となく誤魔化されているような気分になってしまい、わかった！という感動に乏しい。

別（の）証（明）として、素因数分解の一意性を使うことも可能である。

[別証] $\sqrt{2}$ が有理数であると仮定し、$\sqrt{2} = \frac{p}{q}$ と置く。但し、p と q は正の整数である（分数 $\frac{p}{q}$ は既約分数とは限らない）。いま、整数 p と q を素因数分解し、

$$p = p_1^{a_1} p_2^{a_2} \ldots p_n^{a_n}$$

$$q = q_1^{b_1} q_2^{b_2} \ldots q_m^{b_m}$$

とする。但し、$p_1, p_2, \ldots, p_n$ は相異なる素数、$q_1, q_2, \ldots, q_m$ も相異なる素数である（p_i と q_j が同じ素数でも構わない。分数 $\frac{p}{q}$ は既約分数とは限らないから）。等式（#）から、

$$2q_1^{2b_1} q_2^{2b_2} \ldots q_m^{2b_m} = p_1^{2a_1} p_2^{2a_2} \ldots p_n^{2a_n}$$

となるが、左辺は奇数個の素数の積、右辺は偶数個の素数の積となる。これは、素因数分解の一意性に矛盾する。（証明終）

しかし、別証はあまり望ましくない。そもそも、「素因数分解の一意性」は、中学数学でも、ちゃんと証明をしていないから。

素数の話題になったから、素数についても話す。正の整数 p の約数が 1 と p 自身に限るとき、p を素数と言う。但し、1 は素数でないと約束する。換言すると、素数とは約数の個数がちょうど 2 個である正の整数のことである。では、約数の個数がちょうど 3 個の正の整数とは何か。[答：素数の 2 乗となる整数]

定理　素数は無限個ある。

[証明] 背理法を使う。素数が有限個であるとし、$p_1, p_2, \ldots, p_n$ を全部の素

数とする。いま、

$$a = p_1 p_2 \cdots p_n + 1$$

という整数を考えると、$p_1, p_2, \ldots, p_n$ はいずれも a を割り切ることはできない。すると a を割り切る素数は存在しない。これは矛盾である。従って、素数は無限個ある。（証明終）

この証明も背理法の典型的な例である。しかし、証明のポイントである最後の部分では、「正の整数 $a > 1$ を割り切る素数が存在する」という性質を使っている。正の整数 a を素因数分解すればそんなことあたりまえだと思うだろうが、「素因数分解の存在」は、経験的にそう思うだけであって、中学数学でもちゃんとやっていない。だから、素因数分解を使わない証明をする。

問題4－5　正の整数 a が1より大きければ、a を割り切る素数が存在する。これを証明せよ。

[解答例]　正の整数 a の約数を小さい順に並べ、

$$1 = b_0,\ b_1,\ b_2, \ldots,\ b_{s-1},\ b_s = a$$

とすると、b_1 は素数でなければならない。実際、b_1 が素数でないと仮定すると、$1 < c < b_1$ となる b_1 の約数 c が存在する。すると c は a の約数でもあるから、これは b_1 が1でない最小の約数であることに矛盾する。

問題4－5を使うと、素因数分解の存在が証明できる。

定理　正の整数 $a > 1$ の素因数分解は存在する。

［証明］正の整数 $a > 1$ が素数でなければ、問題4－5の結果から、a を割

り切る素数 p_1 が存在する。いま、$a \neq p_1$ ならば $b=\frac{a}{p_1}$ と置くと、$b>1$ であって、$a=p_1b$ となる。整数 $b>1$ が素数でなければ、b を割り切る素数 p_2 が存在する。そこで、$b \neq p_2$ ならば $c=\frac{b}{p_2}$ と置くと、$c>1$ であって、$a=p_1p_2c$ となる。さて、$a>b>c$ と順に小さくなるから、このような操作は有限回で終了し、整数 a の素因数分解が得られる。（証明終）

$\sqrt{2}$ が無理数であることの別証で「素因数分解の一意性」に触れた。ついでだから、その証明も紹介する。準備として、問題４－６を解説するが、経験的にあたりまえだと思っていることでも、ちゃんと証明するとなると、それなりに厄介(やっかい)である。

問題４－６ 正の整数 a と b の積 ab が素数 p で割り切れるならば、p は a を割り切るか、あるいは、p は b を割り切る。これを証明せよ。

[解答例]（以下の解答例はちょっと難しい。途中で挫折したら、付箋でも貼り付け、後から戻ることとし、あまり悩まず、さっさと証明は読み飛ばしてください）背理法を使う。結論を否定する。すると、条件「積 ab が p で割り切れるにもかかわらず、a も b も p で割り切れない」を満たす素数 p と正の整数 a, b が存在する。いま、a を p で割った余りを a_0 とし、b を p で割った余りを b_0 とする。すると、$0<a_0<p,\ 0<b_0<p$ であるが、a_0b_0 は p で割り切れる。実際、$a=q_0p+a_0,\ b=q_1p+b_0$（q_0, q_1 はそれぞれ a, b を p で割ったときの商）と置くと、

$$
\begin{aligned}
a_0b_0 &= (a-q_0p)(b-q_1p) \\
&= ab-p\,(bq_0+aq_1-pq_0q_1)
\end{aligned}
$$

であるから、ab が p で割り切れれば、a_0b_0 も p で割り切れる。

下線部分に着目すると、$0<c<p$ である整数 c で cb_0 が p で割り切れるような整数 c が存在する。いま、そのような c のなかで最小の整数を c_0 とする。

素数 p を整数 c_0 で割った商を q_2 とし、余りを c_1 と置く。すると、余りの性質から、$0 \leqq c_1 < c_0$ であるが、$c_1 \neq 0$ である。実際、$0 < c_0 < p$ であるから、素数 p が c_0 で割り切れることはないから、余り $c_1 \neq 0$ である［注意：$c_0 > 1$ である。実際、$c_0 = 1$ とすると、b_0 が p で割り切れることになる。しかし、$0 < b_0 < p$ だから、b_0 が p で割り切れることはない］。さて、$p = q_2c_0 + c_1$ であるから、c_1b_0（$= pb_0 - q_2c_0b_0$）は p で割り切れる。しかし、$0 < c_1 < c_0$ であるから、これは c_0 の最小性に矛盾する。

うーむ、問題４－６の解答例は、解答例の冒頭で断ったけれど、やっぱり煩雑で難しい。解答例の前半の結論を否定する箇所も論理の難所であるが、後半の最小の c を c_0 とするという論法は、背理法を使う証明の常套手段ではあるものの、受験数学でも、馴染みのない論法である。

定理　素因数分解は一意的である。換言すると、

$$a = p_1p_2\cdots p_r,\ p_1 \leqq p_2 \leqq \cdots \leqq p_r$$

$$a = q_1q_2\cdots q_s,\ q_1 \leqq q_2 \leqq \cdots \leqq q_s$$

が両者とも、正の整数 $a > 1$ の素因数分解ならば、$r = s$ であり、しかも、

$$p_1 = q_1,\ p_2 = q_2, \ldots,\ p_r = q_r$$

が成立する。

［証明］　いま、$p_1 \neq q_1$ とし、$p_1 < q_1$ と仮定する。素数 p_1 は積 $q_1q_2\ldots q_s$ を割り切るから、問題４－６の結果を使うと、どれかの q_i を p_1 が割り切る。しかし、q_i は素数であるから、その約数である p_1 は q_i と一致する。すると、$p_1 < q_1 \leqq q_i = p_1$ となり、矛盾である。従って、$p_1 = q_1$ である。

次に、$b = \frac{a}{p_1}$ を考えると、

$$b = p_2p_3\cdots p_r,\ p_2 \leqq p_3 \leqq \cdots \leqq p_r$$

$$b = q_2 q_3 \cdots q_s,\ q_2 \leqq q_3 \leqq \cdots \leqq q_s$$

は両者とも b の素因数分解である。すると、同様の議論から、$p_2 = q_2$ を得る。この操作を続ければ、望む結果が従う。(証明終)

既に、素数が無限個存在すること、あるいは、素因数分解は存在し、しかも、一意的であることなどを議論した。周知のように、京都大学の入試問題の数学では、伝統的に、証明問題の出題が重んじられているが、その顕著な例が存在を証明する問題であろう。折角だから、背理法を使う「存在の証明」の問題を、入試問題から探そう。問題4 − 7は京都大学（2003年後期理系）の、問題4 − 8は大阪大学（2010年前期文系）の、それぞれの入試問題の文章をちょっと修正している。

問題4 − 7　正の実数から成る数列 $\{a_n\}_{n=1}^{\infty}$ と正の実数 p がある。このとき、不等式

$$a_{n+1} > \frac{1}{2}a_n - p$$

を満たす番号 n が存在する。これを示せ。

[解答例]　背理法で証明する。そのような番号 n が存在しないと仮定する。すると、任意の $n = 1, 2, \ldots$ について、不等式

$$a_{n+1} \leq \frac{1}{2}a_n - p$$

が成立する。その両辺に $2p$ を加えると、任意の $n = 1, 2, \ldots$ について、不等式

$$a_{n+1} + 2p \leq \frac{1}{2}a_n + p = \frac{1}{2}(a_n + 2p)$$

が成立する。すると、

$$a_{n+1} + 2p \leq \frac{1}{2}(a_n + 2p) \leq \left(\frac{1}{2}\right)^2 (a_{n-1} + 2p) \leq \cdots$$

となるから、結局、

$$a_{n+1} + 2p \leq \left(\frac{1}{2}\right)^n (a_1 + 2p)$$

が従う。いま、a_{n+1} は正の実数であるから、$0 < 2p < a_{n+1} + 2p$ である。すると、不等式

$$0 < \frac{2p}{a_1 + 2p} < \left(\frac{1}{2}\right)^n$$

が、任意の番号 $n \geq 1$ について成立する。ここで、n をどんどん大きくすると、$\left(\frac{1}{2}\right)^n$ は限りなく 0 に近づく。これは、$\dfrac{2p}{a_1 + 2p}$ が正の実数であることに矛盾する。

問題4－7では、$a_{n+1} > \dfrac{1}{2}a_n - p$ を満たす番号 n の存在を問うているが、そのような番号 n は無限個存在する。一般には、存在することと、無限個存在することとは、雲泥の差がある。たとえば、素数が存在することは自明であるが、素数が無限個存在する（54ページの定理）ことは、そんなに簡単なことではない。しかしながら、問題4－7では、存在することから無限個存在することが導ける。実際、有限個しか存在しないと仮定し、そのような番号 n のうち、もっとも大きいものを n_0 とする。このとき、数列 $\{b_n\}_{n=1}^{\infty}$ を $b_n = a_{n_0+n}$ と定義する。すると、数列 $\{b_n\}_{n=1}^{\infty}$ は、正の実数から成る数列であるにもかかわらず、番号 n_0 の選択方法から $b_{n+1} > \dfrac{1}{2}b_n - p$ を満たす番号 n は存在しない。これは、問題4－7の結論に矛盾する。

問題4－8　連立方程式

$$2^x + 3^y = 43, \quad \log_2 x - \log_3 y = 1$$

を満たす正の実数の組 (x, y) は、$(4, 3)$ 以外には存在しない。これを証明せよ。

[解答例]　まず、$\log_2 x - \log_3 y = 1$ であるから、x が増加すると、y も増加する。他方、$2^x + 3^y = 43$ であるから、x が増加すると、y は減少する。いま、(x,y) が解であるとし、$x > 4$ とすると、$(4,3)$ が解であることから、$\log_2 x - \log_3 y = 1$ から $y > 3$ となるが、しかし、$2^x + 3^y = 43$ から $y < 3$ となり、矛盾する。従って、$x > 4$ となる解は存在しない。同様にすると、$x < 4$ となる解も存在しない。すると、(x,y) が解であれば、$x = 4$ となるから、$y = 3$ となる。

問題4－8は、文系の受験生には、ちょっと酷であろう。函数 $y = f(x), y = g(x), y = p(x), y = q(x)$ は、いずれも、単調増加函数とする。（函数 $y = f(x)$ が単調増加函数とは、$x < x'$ ならば $f(x) \leq f(x')$ であるときに言う）このとき、定数 a と b について、連立方程式 $f(x) + g(y) = a,\ p(x) - q(y) = b$ の解は、存在したとしても、高々１個である。その証明は、問題４－８の解答例をそのまま模倣すれば得られる。問題４－８の趣旨はこんな簡単なことであるが、指数、対数に惑わされると、それを（特に、文系の受験生が）閃くことは無理だろう。それにしても、あまりにも不自然な指数と対数の苦し紛れの問題である、との印象が拭えない。

背理法を使うのではないけれども、空間図形に関する「存在の証明」を問う入試問題を探す。空間図形に関する「存在の証明」は、受験生には、難問であろう。

問題４－９　△ABC は鋭角三角形とする。このとき、各面すべてが△ABC と合同な四面体が存在することを示せ。（京都大学 1999 年後期理系）

[解答例]　受験算数のような空間図形の問題として扱うことは（恐らく）難しい（だろう）。座標空間での議論が必須である。座標幾何学のテクニックは、高校数学の数学 II の「図形と方程式」の分野で習得する。

座標空間に△ABCを

$$\mathrm{A}(a,0,0),\ \ \mathrm{B}(b,0,0),\ \ \mathrm{C}(0,c,0)$$

と置く。△ABCは鋭角三角形であるから

$$a<0,\ \ b>0,\ \ c>0$$

としてもよい。示すべきことは、

$$\mathrm{DA}=\mathrm{BC},\ \ \mathrm{DB}=\mathrm{CA},\ \ \mathrm{DC}=\mathrm{AB}$$

を満たす点$\mathrm{D}(x,y,z)$（但し、$z\neq 0$）の存在である。そのような点Dが存在すれば、四面体ABCDの各面は、△ABCと合同である。

まず、条件$\mathrm{DA}=\mathrm{BC}, \mathrm{DB}=\mathrm{CA}, \mathrm{DC}=\mathrm{AB}$から

$$\begin{aligned}(x-a)^2+y^2+z^2&=b^2+c^2\\(x-b)^2+y^2+z^2&=c^2+a^2\\x^2+(y-c)^2+z^2&=(b-a)^2\end{aligned}$$

が従う。すると、

$$\begin{aligned}x^2+y^2+z^2-2ax+a^2&=b^2+c^2 &\cdots\cdots(*)\\x^2+y^2+z^2-2bx+b^2&=c^2+a^2 &\cdots\cdots(**)\\x^2+y^2+z^2-2yc+c^2&=a^2-2ab+b^2 &\cdots\cdots(***)\end{aligned}$$

である。まず、$(**)-(*)$から$x=a+b$である。これを$(**)$に代入し、$(**)-(***)$を計算すると、$y=c+\dfrac{2ab}{c}$である。すると、$(*)$から

$$z^2=-\frac{4ab}{c^2}(c^2+ab)\quad\cdots\cdots(\sharp)$$

となる。いま、$a<0, b>0$であるから、$-ab>0$である。従って、$(\sharp)$を満たすzが存在するには、$c^2+ab>0$となることが必要十分である。

いま、△ABCは鋭角三角形であるから、$\mathrm{AB}^2<\mathrm{BC}^2+\mathrm{CA}^2$である。この

不等式を計算すると、$c^2+ab>0$ となる。従って、(♮) を満たす z が存在する。換言すると、条件 DA = BC, DB = CA, DC = AB を満たす点 $D(x,y,z)$（但し、$z\neq 0$）が存在する。

解答例では、a, b, c と置いたけれども、相似な三角形を考えると、$b=1$ としても一般性を失わない。ところで、もし △ ABC が鈍角三角形であるとどうなるであろうか？　△ ABC が鈍角三角形であるならば、$0<a<b, c>0$ とできる。解答例は (♮) を導くところまでは、有効である。しかしながら、(♮) から、$z^2<0$ となるから、条件 DA = BC, DB = CA, DC = AB を満たす点 D は存在しない。すると、「△ ABC は鈍角三角形とする。このとき、各面すべてが △ ABC と合同な四面体は存在しない」という結果が従う。

昨今、証明問題と空間図形は、ほとんどの受験生が得点できないから、捨て問のように考えている受験生も多く、実際、高等学校の現場でも、そのような指導をすることもある、との噂も、しばしば耳にする。数学教育の観点からは、きわめて嘆かわしいことではある。しかしながら、現実には、入学試験が選抜試験である以上、そのような戦略も一理あることだろう。このような憂慮（ゆうりょ）すべき思想の流れも、その源流は、やはり、1979 年の「国公立大学共通第一次学力試験」の導入に遡（さかのぼ）る。「続・雑談」の冒頭を参照されたい。

数学の問題では、「存在の証明」が目的ではなくても、議論の途中において、何らかの存在を示すことが必要になることもしばしばある。そのような典型的な例を、入試問題から探す。

問題 4 − 10　すべては 0 でない n 個の実数 $a_1, a_2, \ldots, a_n$ があり $a_1 \leq a_2 \leq \cdots \leq a_n$ かつ $a_1+a_2+\cdots+a_n=0$ を満たすとき、$a_1+2a_2+\cdots+na_n>0$ が成り立つことを証明せよ。（京都大学 1986 年文理共通）

[解答例]　題意から $a_1 < 0, a_n > 0$ である。すると、

$$a_1 \leq a_2 \leq \ldots \leq a_k \leq 0 < a_{k+1} \leq \cdots \leq a_{n-1} \leq a_n$$

となる k（但し、$1 \leq k < n$）が存在する。このとき、

$$a_1 + 2a_2 + \cdots + ka_k \geq k(a_1 + a_2 + \cdots + a_k)$$

と

$$\begin{aligned}(k+1)a_{k+1} + \cdots + na_n &\geq (k+1)(a_{k+1} + \cdots + a_n)\\ &> k(a_{k+1} + \cdots + a_n)\end{aligned}$$

が成立する。従って、

$$a_1 + 2a_2 + \cdots + na_n > k(a_1 + a_2 + \cdots + a_n) = 0$$

である。

解答例を読めば簡単な問題に思うが、しかしながら、限られた制限時間で、このような解答をすんなり閃くのは、なかなか難しいのでは、と察する。解答のポイントは、冒頭の不等式を満たす k の存在であろう。別解も考えよう。

まず、$a_1 < 0$ と $a_1 + a_2 + \cdots + a_n = 0$ から

$$0 < a_2 + a_3 + \cdots + a_n$$

である。いま、$k \geq 2$ ならば、$a_2 \leq 0$ であるから、

$$a_2 + a_3 + \cdots + a_n \leq a_3 + \cdots + a_n$$

である。この操作を続けると、

$$\begin{aligned}0 < a_2 + a_3 + \cdots + a_n &\leq a_3 + a_4 + \cdots + a_n\\ &\leq \cdots\cdots\end{aligned}$$

$$\leq a_k + a_{k+1} + \cdots + a_n$$

となる。他方、$j > k$ ならば、$a_j > 0$ であるから、

$$0 < a_j + a_{j+1} + \cdots + a_n$$

である。すると、

$$a_1 + 2a_2 + \cdots + na_n = \sum_{i=1}^{n}(a_i + a_{i+1} + \cdots + a_n)$$

は、非負の数の和であり、しかも、$a_n > 0$ であるから、正の数である。

第5章 背理法（応用編）

第5章は背理法の応用編である。と言っても、難しいことを話すのではない。難しいことを話すのは、本著の趣旨に反する。第4章でも実数に触れたが、第5章では、カントールの対角線論法というテクニックを紹介する。一般の数学の教科書ならば、僅かなスペースで解説されているが、本著では、その紹介に一つの章を費やす。本論に入る前の準備として、有理数の持つ面白い性質を語る。

自然数（正の整数）の全体は一列に並ぶ。それはあたりまえである。だって、

$$1, 2, 3, \cdots$$

とすればいいから。それでは、整数の全体はどうだろうか。整数と言ったときには、0と負の整数も含むから、ちょっと工夫が必要である。具体的には、

$$0, 1, -1, 2, -2, 3, -3, \cdots$$

とすればいいだろう。

それでは、有理数の全体はどうか。整数の全体よりもずっと多くの数が有理数なのだから、直観的には、無理だろう、と思う読者もいるだろう。でも、これも小細工をすれば並べることができる。読者の皆さんもちょっと考えてください。考えるヒントとして、中学入試の受験算数の問題を紹介

する。

問題５－１　分数が

$$（*）\qquad \frac{1}{2}, \frac{1}{3}, \frac{2}{2}, \frac{1}{4}, \frac{2}{3}, \frac{3}{2}, \frac{1}{5}, \frac{2}{4}, \frac{3}{3}, \frac{4}{2}, \cdots\cdots$$

と並んでいる。このとき $\frac{3}{8}$ は何番目か。

[解答例]　受験算数の規則性の典型的な問題である。高校数学の数列の練習問題でやったような記憶があるが、小学生もこんな問題が解けるのか、と感心するが、中学受験の塾などでは、小学校４年生レベルの問題である。いわゆる群数列の問題である。いま、分子と分母の和に着目すると、

$$3, 4, 4, 5, 5, 5, 6, 6, 6, 6, \cdots\cdots$$

となっている。すると、

$$\left(\frac{1}{2}\right)\left(\frac{1}{3}, \frac{2}{2}\right)\left(\frac{1}{4}, \frac{2}{3}, \frac{3}{2}\right)\left(\frac{1}{5}, \frac{2}{4}, \frac{3}{3}, \frac{4}{2}\right)\cdots\cdots$$

のように、第１群は分子と分母の和が３、第２群は分子と分母の和が４、第３群は分子と分母の和が５、．．．とすれば、それぞれの群に属する分数の個数は１個、２個、３個、．．．となる。問題の $\frac{3}{8}$ は分子と分母の和が 11 だから、第９群に属し、分子は３だから、第９群の３番目の分数である。第１群から第８群までに属する分数の個数は $1+2+\cdots+8=36$ だから、$36+3=39$ 番目である。

中学入試問題とは言うものの、有理数を一列に並べる方法の解説そのものである。分母が１の分数は（*）から除外されているが、しかし、$\frac{n}{1}$ は $\frac{2n}{2}$ だから、第 $2n$ 群に属する。一般に、分子と分母が正の整数である分数 $\frac{n}{m}$ は第 $(n+m-2)$ 群の n 番目の分数である。すると、（*）はすべての正

の分数を網羅している。もちろん、$\frac{1}{2}=\frac{2}{4}=\frac{3}{6}=\cdots$ などと、同じ分数が繰り返し現れるが、同じ分数が現れたときには削除する約束にすれば、(＊)はすべての異なる正の分数を並べている。

負の分数と分母が1の分数も含め、

$$\frac{0}{1};\frac{1}{1},\ -\frac{1}{1};\frac{1}{2},\ -\frac{1}{2},\ \frac{2}{1},\ -\frac{2}{1};\frac{1}{3},\ -\frac{1}{3},\ \frac{2}{2},\ -\frac{2}{2},\ \frac{3}{1},\ -\frac{3}{1};$$

$$\frac{1}{4},\ -\frac{1}{4},\ \frac{2}{3},\ -\frac{2}{3},\ \frac{3}{2},\ -\frac{3}{2},\ \frac{4}{1},\ -\frac{4}{1};$$

$$\frac{1}{5},\ -\frac{1}{5},\ \frac{2}{4},\ -\frac{2}{4},\ \frac{3}{3},\ -\frac{3}{3},\ \frac{4}{2},\ -\frac{4}{2},\ \frac{5}{1},\ -\frac{5}{1};\cdots\cdots\cdots$$

とすれば、すべての分数が一列に並ぶ。この並べ方には同じ分数が重複して現れるから、既に現れている分数と同じ分数が後から現れたときには、それを削除し、

$$0;\frac{1}{1},\ -\frac{1}{1};\frac{1}{2},\ -\frac{1}{2},\ \frac{2}{1},\ -\frac{2}{1};\frac{1}{3},\ -\frac{1}{3},\ \frac{3}{1},\ -\frac{3}{1};$$

$$\frac{1}{4},\ -\frac{1}{4},\ \frac{2}{3},\ -\frac{2}{3},\ \frac{3}{2},\ -\frac{3}{2},\ \frac{4}{1},\ -\frac{4}{1};\frac{1}{5},\ -\frac{1}{5},\ \frac{5}{1},\ -\frac{5}{1};\cdots\cdots\cdots$$

とすれば、すべての有理数が重複なしに現れる。すなわち、すべての有理数を一列にならべることが可能である。

以上の結果、

定理　すべての有理数を一列に並べることは可能である。

これは驚きだ。明らかに、有理数は自然数を含み、自然数よりもずっとずっと沢山（たくさん）あるのに、それが自然数と同じように並べることができるのだから。集合論の専門用語を使うと、「有理数の全体と自然数の全体は1対1に対応する」と言う。簡単に言うと、1対1の対応とは、一個ずつが手を繋（つな）

ぐことができる、というである。

第5章のハイライトであるカントールの対角線論法の紹介に進む。有理数の全体は一列に並べることができたが、それでは、実数の全体はどうだろうか。実は、有理数の全体とは異なり、実数の全体は、一列に並べることはできないのである。有理数の全体は、自然数の全体よりも多いと言っても、ちょっと多いだけなのだ。しかし、実数の全体は、自然数の全体よりも遥(はる)かに多いのである。数学の専門用語では、一列に並べることができる集合を可算集合、そうでない集合を非可算集合と呼ぶ。

余談であるが、1と0.999999……は同じであるという話を聞いた読者は多いだろう。その理由は、循環小数を分数に直すテクニック（第4章の52ページを御覧ください）を使えば納得できる。実際、$a=0.999999\cdots\cdots$ とすると、$10a=9.99999\cdots\cdots$ となるから、$10a$ も a も小数点以下は同じである。すると、$10a-a=9$ となる。これより $9a=9$ だから $a=1$ が従う。すると、

$$
\begin{aligned}
1 &= 0.999999\cdots\cdots \\
0.1 &= 0.0999999\cdots\cdots \\
0.01 &= 0.00999999\cdots\cdots \\
0.001 &= 0.000999999\cdots\cdots
\end{aligned}
$$

となりる。だから、たとえば、$0.367=0.366999999\cdots\cdots$ などとなるから、一般に、有限小数は、循環小数として表すことができる。もちろん、$0.367=0.367000000\cdots\cdots$ として形式的には循環小数と思ってもいいだろう。

定理 すべての実数を一列に並べることはできない。

［証明］背理法で証明する。すべての実数を一列に並べることができると仮定する。すると、0より大きく1より小さい実数の全体も一列に並べることができる。実際、実数の全体を一列に並べることができるのならば、そ

の列から0以下の実数と1以上の実数をすべて削除すれば、0より大きく1より小さい実数の全体が一列に並ぶことになる。

そこで、0より大きく1より小さい実数の全体を一列に並べることができると仮定する。0より大きく1より小さい実数を小数で表すこととし、有限小数には0を付けて無限小数と考える。たとえば、0.237は0.237000000……と考えるのである。いま、0より大きく1より小さい無限小数の全体を一列に並べることができると仮定し、

$$
\begin{array}{l}
0.a_1^{(1)}a_2^{(1)}a_3^{(1)}a_4^{(1)}a_5^{(1)}\cdots\cdots \\
0.a_1^{(2)}a_2^{(2)}a_3^{(2)}a_4^{(2)}a_5^{(2)}\cdots\cdots \\
0.a_1^{(3)}a_2^{(3)}a_3^{(3)}a_4^{(3)}a_5^{(3)}\cdots\cdots \\
0.a_1^{(4)}a_2^{(4)}a_3^{(4)}a_4^{(4)}a_5^{(4)}\cdots\cdots \\
0.a_1^{(5)}a_2^{(5)}a_3^{(5)}a_4^{(5)}a_5^{(5)}\cdots\cdots \\
\qquad\qquad\cdots\cdots\cdots \\
0.a_1^{(j)}a_2^{(j)}a_3^{(j)}\cdots\cdots a_i^{(j)}\cdots\cdots a_j^{(j)}\cdots\cdots \\
\qquad\qquad\cdots\cdots\cdots
\end{array}
$$

と並べる［横に一列に並べる表記を使うことはできないから、縦に一列に並べる表記を採用する］。すなわち、第 j 番目の並んだ小数の小数第 i 位の数が $a_i^{(j)}$ である。ここから矛盾を導くにはどうすればいいだろうか。このリストに0より大きく1より小さいすべての小数が並んでいるという仮定なのだから、このリストから漏れている小数を作ることを考えよう。

二つの無限小数が異なるということは、小数第1位の数字、小数第2位の数字、小数第3位の数字、…と比べるとき、どれかの数字が一つでも異なればよい。［注意：有限小数は0を付けて無限小数にする約束であるから、たとえば、0.02999999……＝0.03000000……の左辺の無限小数がリストに現れることはない］

天下り的に答を披露するのはちょっと勿体（もったい）ないけれども、言ってしまうと、小数

$$a = 0.a_1a_2a_3a_4a_5\cdots\cdots a_j\cdots\cdots$$

をその小数第 j 位 a_j が、リストの第 j 番目に並んだ小数の小数第 j 位の数 $a_j^{(j)}$ と異なるように作れば、小数 a はリストから漏れていることになる。それでは、そのような a はどのように作ればいいか。簡単である。たとえば、数字 $a_j^{(j)}$ が 0 以外の数であれば $a_j = 0$ とし、数字 $a_j^{(j)}$ が 0 であれば $a_j = 1$ とすればよい。そうすれば、小数 a はリストのどの小数とも一致しないから、リストから漏れている。これは、このリストが 0 より大きく 1 より小さい実数の全体を並べていることに矛盾する。従って、0 より大きく 1 より小さい実数の全体を一列に並べることはできない。すると、証明の冒頭で注意したように、実数の全体を一列に並べることはできない。(証明終)

たとえば、リストが

0.**6**091286970938697071……
0.9**1**09800983117869400……
0.49**0**8709111110011190……
0.450**9**987881206857991……
0.2222**2**29289282982922……
0.34534**5**3454545000000……
0.101010**1**010101010101……
0.0000000**0**00000000234……
0.23456788**7**6531090998……
0.230987878**7**879111001……
0.1234567890**0**00000012……
0.12000987687**9**3309873……
0.007007007007**0**070070……
0.4466780229870**9**99911……
0.98129678666872**7**9757……
………

であるとすると、枠囲みの太字の数字に着目すれば、

$$a = 0.001000010010100\cdots\cdots$$

となる。第 j 列の小数の第 j 位は、小数のリストの対角線（のようなもの）になっているから、この背理法の論法を「対角線論法」と呼ぶ。対角線論法は、1891年、ゲオルク・カントールのドイツ語の論文 “Über ein elementare Frage der Mannigfaltigkeitslehre” にその起源を持つと言われる。であるから、カントールの対角線論法と呼ばれる。

実数の全体を一列に並べることができないという事実は、実数は有理数よりも遥（はる）かに多いことを暗示している。

有理数の全体は一列に並べることができるが、実数の全体は一列に並べることはできない。すると、無理数の全体も一列に並べることはできない。実際、無理数の全体を一列に並べることができるならば、有理数と無理数を交互に並べれば、実数の全体を一列に並べることができるのである。

カントールの対角線論法はもっとも有名な背理法の論法の一つである。しかし、この論法を使うと、自然数の全体も一列に並べることはできないような錯覚に襲われる。

いま、自然数の全体を

（#）　　$n_1, n_2, n_3, \ldots$

と一列に並べるとき、別の自然数 n を次のように定義する。

「（#）の j 番目の自然数 n_j の 10^{j-1} の位が1でなければ n の 10^{j-1} の位を1とし、n_j の 10^{j-1} の位が1ならば n の 10^{j-1} の位を2とする」

但し、自然数 a が N 桁の数のときには、その 10^{N-1} の位を越える位の数は0とする。たとえば、175の1000の位は0である。さて、このように自然

数 n を作ると、n と n_j は 10^{j-1} の位が異なるから、n は（#）には現れない。これは（#）が自然数の全体を並べていることに矛盾する。従って、自然数の全体を一列に並べることは不可能である。ありゃりゃなにやらとんでもない結論に到達してしまった。どこが誤りなのか。読者はおわかりでしょうか。そうですね。このような操作で n を定義すると、n の桁数は無限になってしまい、もはや n は自然数ではなくなる。実数を扱ったときには、対角線論法から無限小数を作り、無限小数は実数であったから、背理法が使えたのである。

第 4 章の背理法の基礎編、第 5 章の背理法の応用編を通して、素数、整数、有理数、無理数、実数のことを高校数学の知識の範囲（指導要領の範囲ではない！）を越えないように留意しながら、執筆した。背理法の付録として、大学入試問題から文科系の学部志望の高校生でも理解できる範囲での背理法の問題を挙げよう。

問題 5 − 2 座標平面上の点は x 座標と y 座標が両者とも整数のとき、格子点と呼ばれる。座標平面上には、3 個の頂点がすべて格子点である正三角形は存在しないことを証明せよ。但し、$\sqrt{3}$ が無理数であることは使ってもよい。

[解答例]　名古屋大学（30 年前？）と大阪大学（10 年前？）の入試問題の文章をちょっと修正している。存在しない、とあれば背理法を使え、というのは受験数学の鉄則の一つである。すべての頂点を格子点とする正三角形 ABC があったと仮定する。いま、$A(a_1,a_2)$, $B(b_1,b_2)$, $C(c_1,c_2)$ と置き、頂点 A が原点 O になるように平行移動する。すると、頂点 B は $D(b_1-a_1,b_2-a_2)$ に移り、頂点 C は $E(c_1-a_1,c_2-a_2)$ に移る。すると、三角形 ODE もすべての頂点を格子点とする正三角形である。簡単のため、$D(x_1,y_1)$,$E(x_2,y_2)$ とする。すると、三角形 ODE の面積は $\frac{1}{2}|x_1y_2-x_2y_1|$ である［この公式がすべての教科書に掲載されているか否か（あるいは、受験生が周知か否か）を筆者は知らない］。従って、x_1, x_2, y_1, y_2 が整数である

ことから、正三角形ODEの面積Sは有理数である。他方、正三角形ODEの一辺の長さをaとすると、正三角形ODEの面積は$S=\frac{\sqrt{3}}{4}a^2$である。ところが、$a^2=x_1^2+y_1^2$は整数であるから、$\sqrt{3}=\frac{4S}{a^2}$も有理数となり、$\sqrt{3}$が無理数であることに矛盾する。

問題5－3　整数Nは60の約数とする。このとき、$\cos N^\circ$と$\sin N^\circ$のうち、少なくとも一方は無理数であることを証明せよ。但し、$\sqrt{3}$が無理数であることは使ってもよい。（京都大学）

[解答例]　少なくとも一方は無理数であることを証明せよ、とあるから、背理法を使い、$\cos N^\circ$と$\sin N^\circ$の両者が有理数であると仮定し、矛盾を導く。

加法定理

$$\cos(m+n)^\circ=\cos m^\circ\cos n^\circ-\sin m^\circ\sin n^\circ$$
$$\sin(m+n)^\circ=\sin m^\circ\cos n^\circ+\cos m^\circ\sin n^\circ$$

を使うと、$\cos m^\circ$、$\sin m^\circ$、$\cos n^\circ$、$\sin n^\circ$のすべてが有理数ならば、$\cos(m+n)^\circ$と$\sin(m+n)^\circ$は有理数である。有理数（すなわち、分数）の加減乗除の結果は、再び、有理数となるからである。特に、$m=n$とすると、$\cos n^\circ$と$\sin n^\circ$が有理数ならば、$\cos 2n^\circ$と$\sin 2n^\circ$も有理数である。次に、$m=2n$とすると、$\cos n^\circ$と$\sin n^\circ$が有理数ならば、$\cos 3n^\circ$と$\sin 3n^\circ$も有理数である。この操作を繰り返すと、$\cos n^\circ$と$\sin n^\circ$が有理数ならば、すべての自然数kについて、$\cos kn^\circ$と$\sin kn^\circ$も有理数である。

いま、Nが60の約数であるとし、$pN=60$（pは自然数）と置く。すると、$\cos N^\circ$と$\sin N^\circ$の両者が有理数であることから、$\cos pN^\circ$と$\sin pN^\circ$も有理数である。すなわち、$\cos 60^\circ$と$\sin 60^\circ$は有理数である。しかし、$\sin 60^\circ=\frac{\sqrt{3}}{2}$は無理数であるから、矛盾である。

問題5－3の解答例では、厳密には数学的帰納法を使っているのであるが、数学的帰納法は第６章と第７章のテーマだから、問題５－６では、「この操作を繰り返すと」と婉曲（えんきょく）的な表現を使っている。しかし、「この操作を繰り返すと」でも解答としては十分である、と筆者は思う。

問題５－４　$\tan 1^\circ$ は有理数か。（京都大学 2006 年）

面白い！　の一言に尽きる。がんばれ京大！　と声援を送ろう。歴史上、日本の大学入試の数学の問題のなかで最も短い問題であるとのことだ。ひらがなだと「たんじぇんといちどはゆうりすうか」となって、16 文字である。過去では「e^e にもっとも近い整数を求めよ」（北海道大学）という指数の問題のヒット作品もあるが、「いーのいーじょうにもっともちかいせいすうをもとめよ」だと 25 文字である。もっとも、その問題には、「但し、e は自然対数の底である」という注釈があったかも知れない。そうすると、文字数が激増するが、本質的には 26 文字の問題である。17 文字よりも少ない文字数の傑作な入試問題を作ることはできるのであろうか。

[解答例]　答は「否」である。有理数か、と問われているから、無理数と答えるよりも「否」と答えると趣がある。背理法で証明する。いま、$\tan 1^\circ$ が有理数であると仮定する。加法定理

$$\tan(x^\circ + y^\circ) = \frac{\tan x^\circ + \tan y^\circ}{1 - (\tan x^\circ)(\tan y^\circ)}$$

を使うと、$0 < x < 90,\ 0 < y < 90,\ x + y < 90$ のとき、$\tan x^\circ$ と $\tan y^\circ$ の両者が有理数ならば、$\tan(x^\circ + y^\circ)$ も有理数である。特に、n が 59 以下の整数のとき、$\tan n^\circ$ が有理数であれば、$\tan(n+1)^\circ$ も有理数である。さて、$\tan 1^\circ$ は有理数であるから、$n = 1$ とすれば、$\tan 2^\circ$ も有理数である。すると、$n = 2$ とすれば、$\tan 3^\circ$ も有理数である。この操作を繰り返すと、$\tan 60^\circ$ も有理数となる。しかし、$\tan 60^\circ = \sqrt{3}$ は無理数であるから、矛盾である。従って、$\tan 1^\circ$ は無理数である。

なお、$\sqrt{3}$ が無理数であることの証明は、$\sqrt{2}$ が無理数であることの証明を（偶数を3の倍数と変更し）模倣（もほう）すればよい。

ところで、大学入試問題には、大学で学ぶ数学を題材にしているものがしばしば出題される。そのような色彩を持つ典型的な入試問題を紹介する。問題5－5は、京都大学の大昔（1966年文理共通）の入試問題の文章を微修正している。

問題5－5　方程式 $x^3+x-8=0$ は
(1) 唯一つの実数解を1と2の間に持つことを示せ。
(2) その実数解は無理数であることを証明せよ。

[解答例]　(1) 函数 $y=f(x)=x^3+x-8$ の導函数は $y'=3x^2+1>0$ であるから、$y=f(x)$ は単調増加函数である。いま、$f(1)=-6<0, f(2)=2>0$ であるから $y=f(x)$ のグラフは $1<x<2$ の範囲で x 軸と交わり、しかも、$y=f(x)$ が単調増加函数であることから x 軸と一回だけ交わる。すると、方程式 $x^3+x-8=0$ は唯一つの実数解を1と2の間に持つ。

(2) その実数解を有理数とし $\dfrac{m}{n}$ と置く。但し、m と n は互いに素な整数である。このとき (1) より $1<\dfrac{m}{n}<2$ であるから、$0<m<n$ としてよい。特に、$n>1$ である。これを $x^3+x-8=0$ に代入し、分母を払うと

$$m^3+mn^2-8n^3=0$$

となる。すると

$$m^3=n^2(8n-m)$$

である。いま、m と n は互いに素な自然数であって、$n>1$ であるから、左辺の m^3 は n では割り切れず、しかしながら、右辺は n で割り切れる。これは矛盾である。従って、$x^3+x-8=0$ の唯一つの実数解は無理数である。

問題５－５の（2）の解答例のポイントは何であろうか。それは、係数が整数であり、しかも x^3 の係数が１である、ということである。実際、

問題５－６　係数が整数の n 次方程式

$$x^n+a_1x^{n-1}+a_2x^{n-2}+\cdots+a_{n-1}x+a_n=0$$

が有理数の解を持てば、それは整数である。これを示せ。

[解答例]　有理数の解を $\dfrac{m}{n}$ とする。但し、m と n は互いに素な整数である。いま、$\dfrac{m}{n}$ は整数でないと仮定する。すなわち、$n>1$ とする。解 $\dfrac{m}{n}$ を与えられた方程式に代入し、分母を払うと

$$m^n+a_1m^{n-1}n+a_2m^{n-2}n^2+\cdots+a_{n-1}mn^{n-1}+a_nn^n=0$$

となる。すると、

$$m^n=-n(a_1m^{n-1}+a_2m^{n-2}n+\cdots+a_{n-1}mn^{n-2}+a_nn^{n-1})$$

である。いま、m と n は互いに素な自然数であって $n>1$ であるから、左辺の m^n は n では割り切れず、しかしながら、右辺は n で割り切れる。これは矛盾である。従って、$n=1$ となり、解は整数である。

問題５－６は、「整数全体から成る可換環は整閉整域である。」という、代数学の周知の定理である。特に、p が正の整数のとき、$x^n-p=0$ の実数解は、整数でなければ無理数である。すると、$\sqrt[n]{p}$ は整数でなければ、無理数である。

問題５－７は、京都大学（2013 年前期理系）の入試問題の改題である。代数学の「体論（たいろん）」あるいは「ガロア理論」と呼ばれる講義の初歩に必ず使われる例である。このような入試問題は、大学のテキストから

の借用とも言える。その賛否は兎も角、大学のテキストから大学入試問題が出題されることもあるのだ。

問題5－7　有理数を係数とする多項式 $P(x)$ が、$P(\sqrt[3]{2})=0$ を満たしているならば、$P(x)$ は x^3-2 で割り切れる。これを示せ。但し、$\sqrt[3]{2}$ が無理数であることは使ってもよい。

[解答例]　多項式 $P(x)$ を x^3-2 で割ったときの商を $Q(x)$ とし、余りを ax^2+bx+c と置く。但し、$Q(x)$ は有理数を係数とする多項式であり、a,b,c は有理数である。すなわち

$$P(x)=(x^3-2)Q(x)+ax^2+bx+c$$

である。いま、$\alpha=\sqrt[3]{2}$ とすると、$\alpha^3-2=0$ と $P(\alpha)=0$ であることから

$$a\alpha^2+b\alpha+c=0 \cdots\cdots (*)$$

である。すると、$a\alpha^3+b\alpha^2+c\alpha=0$ となるが、$\alpha^3=2$ であるから

$$2a+b\alpha^2+c\alpha=0 \cdots\cdots (**)$$

である。すると、$(*)\times b-(**)\times a$ から

$$(b^2-ac)\alpha+(bc-2a^2)=0$$

である。すると、α が無理数であることから

$$b^2-ac=0,\ \ bc-2a^2=0$$

である。いま、$a=0$ とすると、$b=0$ となる。すると、$(*)$ から $c=0$ となり、$P(x)$ は x^3-2 で割り切れる。他方、$a\neq 0$ とすると、$b^2-ac=0$ から $c=\dfrac{b^2}{a}$ となる。これを $bc-2a^2=0$ に代入すると $b^3-2a^3=0$ となる。すると、$\left(\dfrac{b}{a}\right)^3=2$ である。これより、$\dfrac{b}{a}=\sqrt[3]{2}$ となり、$\sqrt[3]{2}$ が無

理数であることに矛盾する。

問題5－7の解答例のポイントは、$\sqrt[3]{2}$ が有理数を係数とする二次方程式の解とはならないことである。別解を示そう。式 $(*)$ において、$a=0$ とすると、α が無理数であることから $b=c=0$ が従う。そこで、$a\neq 0$ と仮定する。このとき、次数3の多項式 x^3-2 と次数2の多項式 ax^2+bx+c は、両者とも、$x=\alpha$ を代入すると $=0$ となる。すると、x^3-2 を ax^2+bx+c で割った余りの多項式も $x=\alpha$ を代入すると $=0$ となる。その余りの多項式を $dx+e$ とすると、$d\alpha+e=0$ である。すると、α が無理数であることから $d=e=0$ が従う。すなわち、x^3-2 は ax^2+bx+c で割り切れる。すると、$c\neq 0$ となり

$$x^3-2=(ax^2+bx+c)\left(\frac{1}{a}x-\frac{2}{c}\right)$$

である。これより、有理数 $\dfrac{2a}{c}$ は $x^3-2=0$ の解である。しかしながら、函数 $y=x^3-2$ が単調増加函数であることから、$x^3-2=0$ は唯一つの実数解を持ち、それは $\sqrt[3]{2}$ である。従って、$x^3-2=0$ が有理数の解を持つことは矛盾である。

第5章のフィナーレは、コミック『証明の探究 高校編！』の第2章の問題を再掲しよう。

問題5－8 あるスポーツ大会で、参加した n 個のチームは次の方法（リーグ戦形式）で順位を争う。すなわち、どのチームも他の各チームとそれぞれ1回ずつ試合を行い、勝ち数の大小によって順位をきめるものとする。今年の大会では、引き分けが1回も起こらず、また、同順位のチームがなかったという。このとき、どのチームもそれより下のチームには必ず勝っていることを証明せよ。

問題5－8は、京都大学（1975年理系）の問題である。随分と昔の有名な入試問題である。証明が重んじられていた古き良き時代の傑作な入試問題と言えよう。背理法を使っても、数学的帰納法を使っても、証明できる。数学的帰納法を使った証明は第6章で紹介する。以下、背理法を使う解答例を示す。

[解答例]　引き分けがないから、勝敗数の可能性は

$(n-1)$ 勝 0 敗, $(n-2)$ 勝 1 敗, . . . , 1 勝 $(n-2)$ 敗, 0 勝 $(n-1)$ 敗

の n 通りである。同順位のチームがなかったから、順位は第1位から第 n 位の n 通りである。すると、両者とも n 通りであるから、第 k 位の成績は $(n-k)$ 勝 $(k-1)$ 敗となる。但し、$k=1,2,\ldots,n$ である。背理法を使い、どのチームもそれより下位のチームには勝っていることを証明する。

いま、自分よりも下位のチームに負けているチームがあったと仮定し、自分よりも下位のチームに負けているチームのなかで、もっとも上位にあるチームが第 k 位のチームであるとする。第1位のチームは $(n-1)$ 勝 0 敗であるから、下位のチームには負けていない。従って、$k>1$ である。第 k 位の成績は $(n-k)$ 勝であり、第 k 位よりも下位のチームは $(n-k)$ 個ある。すると、第 k 位のチームがそれより下位のチームのどれかに負けていることから、第 k 位のチームが $(n-k)$ 勝となりためには、それよりも上位のチームのどれかに勝たなければならない。そこで、第 k 位のチームがそれより上位の第 m 位のチームに勝っているとする。すると、第 m 位のチームはそれより下位の第 k 位のチームに負けている。これは、第 k 位のチームが、自分よりも下位のチームに負けているチームのなかで、もっとも上位にあるチームであることに矛盾する。

問題5－8の解答例の「自分よりも下位のチームに負けているチームがあったと仮定」することは、単に、結論を否定しているだけである。しかしながら、それに続く「自分よりも下位のチームに負けているチームのなかで、もっとも上位にあるチームが第 k 位のチームである」と設定すると

ころは、受験数学では馴染まないテクニックであろう。しかしながら、このような設定は、大学の数学で背理法を使うときの常套手段である。なお、問題4 − 6の解答例の c_0 と置く箇所も参照されたい。

第6章 数学的帰納法（基礎編）

第6章は、数学的帰納法の入門である。高校の数学では、数学的帰納法は等式、不等式の証明に使われているが、もっと、日常生活に密着した話題から数学的帰納法の魅力を探ろう。

とは言うものの、まずは、高校の数学の教科書の復習から始める。自然数 n についての命題 $P(n)$ があるとしよう。たとえば、「等式

$$1+2+\cdots+n=\frac{n(n+1)}{2}$$

が成立する」などは、自然数 n についての命題である。

そのような自然数 n についての命題 $P(n)$ を証明するとき、

［1］ $n=1$ のとき、命題 $P(1)$ は正しい

［2］ $n=k$ のとき、命題 $P(k)$ が正しければ、$P(k+1)$ も正しい

の両者が証明できれば、すべての n について、命題 $P(n)$ が正しいことが従う。

実際、$P(1)$ が正しいから、$P(2)=P(1+1)$ も正しい。すると、$P(3)=P(2+1)$ も正しい。この操作を繰り返せば、すべての n で $P(n)$ が正しいことになる。このような証明方法を「数学的帰納法」と呼ぶ。

この操作を繰り返せば、という表現が曖昧（あいまい）だと思う読者は、次のように背理法で考えるといいだろう。いま、$P(n)$ が正しくないような n があった

とし、そのような n の最小値を n_0 とする。すると、$P(1)$ は正しいのだから、$n_0 > 1$ である。整数 n_0 の最小性から、命題 $P(n_0 - 1)$ は正しい。すると、$P(n_0) = P((n_0 - 1) + 1)$ も正しいから、矛盾である。

数学的帰納法の議論に慣れるために、簡単な問題を考えることにする。

問題6－1 等式

$$(*) \qquad 1\cdot 2\cdot 3\cdot 4 + 2\cdot 3\cdot 4\cdot 5 + \cdots + n(n+1)(n+2)(n+3) = \frac{1}{5}n(n+1)(n+2)(n+3)(n+4)$$

を証明せよ。但し、$n = 1, 2, 3, \ldots$ である。

[解答例]　まず、$n = 1$ とすると、（$*$）の左辺は $1\cdot 2\cdot 3\cdot 4$ であり、右辺は $\frac{1}{5}1\cdot 2\cdot 3\cdot 4\cdot 5 = 1\cdot 2\cdot 3\cdot 4$ である。すると、左辺＝右辺となり、等式（$*$）は成立する。

いま、$n = k$ のとき、等式（$*$）が成立すると仮定すると、

$$(\#) \qquad 1\cdot 2\cdot 3\cdot 4 + 2\cdot 3\cdot 4\cdot 5 + \cdots + k(k+1)(k+2)(k+3) = \frac{1}{5}k(k+1)(k+2)(k+3)(k+4)$$

である。すると、$n = k + 1$ のとき、（$*$）の左辺は

$$\begin{aligned} &1\cdot 2\cdot 3\cdot 4 + \cdots + k(k+1)(k+2)(k+3) + (k+1)(k+2)(k+3)(k+4) \\ &= (\#)\text{ の左辺} + (k+1)(k+2)(k+3)(k+4) \end{aligned}$$

である。ここで、$n = k$ のとき、等式（#）が成立するという仮定（帰納法の仮定と呼ぶ）を使うと、

$$\begin{aligned} &(\#)\text{ の左辺} + (k+1)(k+2)(k+3)(k+4) \\ &= \frac{1}{5}k(k+1)(k+2)(k+3)(k+4) + (k+1)(k+2)(k+3)(k+4) \end{aligned}$$

となる。式の変形を続けると、

$$
\begin{aligned}
&\frac{1}{5}k(k+1)(k+2)(k+3)(k+4)+(k+1)(k+2)(k+3)(k+4)\\
&=(k+1)(k+2)(k+3)(k+4)\{\frac{k}{5}+1\}\\
&=(k+1)(k+2)(k+3)(k+4)\frac{k+5}{5}\\
&=\frac{1}{5}(k+1)(k+2)(k+3)(k+4)(k+5)
\end{aligned}
$$

となる。すると、等式（＊）は $n=k+1$ のときも成立する。

数学的帰納法は便利な証明方法である。しかし、往々にして、発見的ではない。問題６－１の等式は、証明せよ、と言われれば数学的帰納法で証明できるけれども、このような等式はどのようにすれば発見できるのだろうか。数学的帰納法という証明のテクニックに習熟していても、そのような等式を発見することはできないだろう。経験的に、あるいは、例を計算することで、それなりの予想をし、それを数学的帰納法で証明するというのが一般的である。そのような結果を予測し、それを数学的帰納法で証明する問題を作ろう。中学入試の受験算数における周知の公式である。

問題６－２　奇数の和

$$1+3+5+\cdots+(2n-1)$$

を n の式で表すとどうなるかを推定し、それを数学的帰納法で証明せよ。

[解答例]　問題の出題の意図を理解するならば、等差数列の和の公式を使うことなどは反則である。推定しているということを答案にちゃんと記載しなければならない。だから、

$$1 = 1^2,\ 1+3=4=2^2,\ 1+3+5=9=3^2,\ 1+3+5+7=16=4^2$$

から、

$$1+3+5+\cdots+(2n-1)=n^2$$

と推定される、としなければ減点である。これを数学的帰納法で証明することは単なる文字式の計算である。既に、$n=1$ のときは示している。いま、$n=k$ とし、

$$1+3+5+\cdots+(2k-1)=k^2$$

を仮定すると、

$$\begin{aligned}&1+3+5+\cdots+(2k-1)+(2k+1)\\&=k^2+(2k+1)=(k+1)^2\end{aligned}$$

となり、$n=k+1$ のときも成立する。

問題6－2の公式は、小学生に理解させるときには（図6－1）のように、○と●を並べれば簡単である。

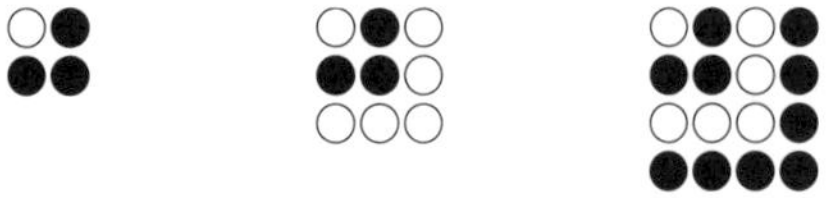

○●
●●

○●○
●●○
○○○

○●○●
●●○●
○○○●
●●●●

1＋3　　1＋3＋5　　1＋3＋5＋7

（図6－1）

数学的帰納法を、日常生活においてあたりまえと思っていることの証明に使うことにする。阿弥陀籤（あみだくじ）の話題である。いま、（図6－2）のような阿弥陀籤を作るとき、1、2、3、4、5を始点と呼び、月、星、空、雪、花を終

点と呼ぶ。

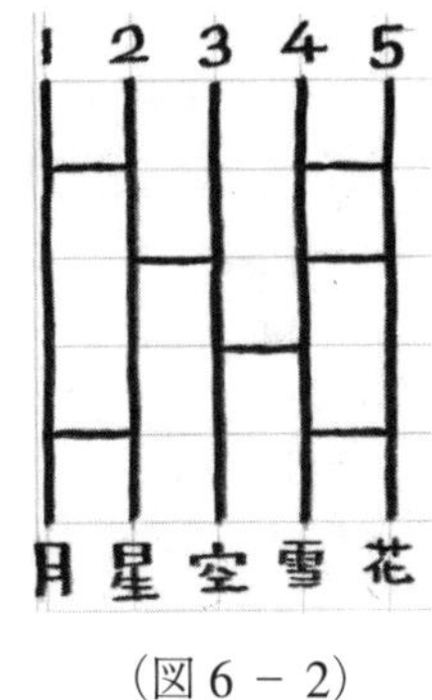

（図６－２）

阿弥陀籤のルールは周知であろうが、横棒を入れる際は、

・横棒は隣り合う縦棒の間に縦棒に垂直に入れる
・横棒は隣り合う縦棒の上端と上端、下端と下端を結ぶことはできない
・異なる２本の横棒は接触しない

としなければならない。たとえば、（図６－３）のような横棒の入れ方は駄目である。

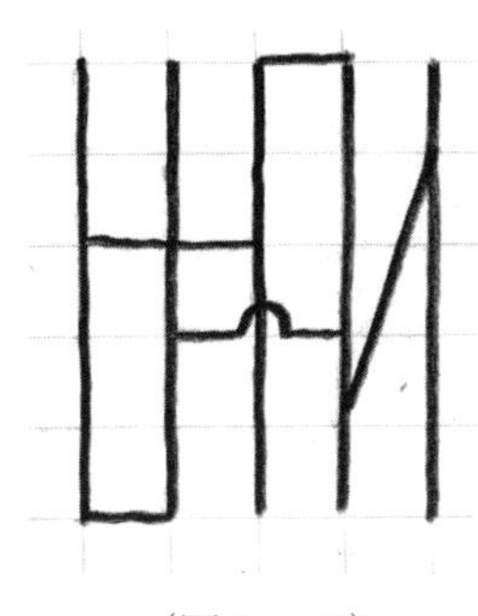

（図６－３）

阿弥陀籤のポイントは、異なる始点から出発すると、異なる終点に辿り

着くことである。読者は経験的にあたりまえと思っているでしょう。では、どうしてそうなるの？　と子供に聞かれたとき、子供が納得できるように解説することができるでしょうか。そんなことに疑問を持つのがいかんのだ！　と怒ってはいけません。子供の柔軟な発想を阻止することになるからです。

雑談ですが、筆者の経験を話しましょう。筆者が小学生のとき、算数で疑問に思って、先生に質問したことが二つあります。

一つは、4年生で分数を習ったときです。分数を教えるときに、先生は1mの物差しを持ってきました。それを3等分し、ここが$\frac{1}{3}$mですよ、と教えました。筆者はそれが理解できませんでした。だって、$\frac{1}{3}$mのところには目盛りが付いてないではないですか。小数は習っていたから、目盛りをどんどん細かくすることは考えましたが、どれだけ細かくしても、目盛りは付きません。目盛りがないところに数があるなんて、なんておかしなことなんだろう、と思いました。それを先生に言っても、ちゃんと答えてくれませんでした。もちろん、先生だって答えることはできないですよね。この経験は筆者とっては、とても衝撃的でした。それまで、算数でちょっとでも躓(つまず)いたことはなかったからです。あまりしつこく迫ったので、先生は怒りだしました。結局、その疑問はそのままでした。ひょっとしたら、この段階で、筆者は分数というものがわからず、そのまま算数嫌いになったかも知れません。この件は、そもそも、先生が1mの物差しを持ってきたところが諸悪の根源です。羊羹(ようかん)を持ってきて、それを3人で分けましょうと説明すれば何も疑問は湧かなかったでしょう。羊羹だけではなく、ピザも持ってこなくてはなりませんね。分数を導入するときには、長方形のものを何等分するということだけではなく、円形のものを何等分するということを教えることも大切です。

もう一つは、6年生で速度を習ったときです。筆者が小学生の頃は、東海道新幹線は「夢の超特急」と呼ばれ、時速200kmが謳(うた)い文句でした。名古屋と東京を2時間1分で結んでいました。他方、社会の授業で、東京と名古屋の新幹線のレールの長さは366kmと習いました。筆者は疑問に思いました。だって、366km を時速 200km で飛ばせば、2 時間もかからないではないですか。これも先生に質問しました。この質問はさきほどの分数の質問よりもずっと簡単ですよね。時速 200km というのは、あくまでも最高速度であって、曲線のレールでは減速するし、駅に近づけば減速します。東京駅の近くでは、新幹線の速さと山手線の速さはほとんど同じときもあります。しかし、速度の計算を習ったときには、速度が一定として計算しますから、最高速度の概念などはわからなかったのです。ドイツで最高時速 300km が売りの ICE（インターシティエクスプレス）という特急列車に乗ったとき、速度の表示板が車内にあったので、それをずっと眺めていたのですが、300km を越すことはほとんどなく、301km の表示がでたときには思わず写真を撮りました。

随分と雑談をしましたが、子供の柔軟な発想を阻止することだけはやめましょう。阿弥陀籤の話に戻ります。

定理　阿弥陀籤では、異なる始点から出発すると異なる終点に辿り着く。

［証明］命題 $P(n)$ を「横棒の本数が n 本である阿弥陀籤では、異なる始点から出発すると異なる終点に辿り着く」とする。但し、$n = 0, 1, 2, \ldots$ である。命題 $P(n)$ は縦棒の本数については、何も言っていないから、縦棒の本数は任意である。この命題 $P(n)$ を数学的帰納法で証明する。この場合、数学的帰納法は（通常の $n = 1$ からではなく）$n = 0$ から始めなければならない。阿弥陀籤の始点を左から $1, 2, 3, \ldots$ とし、終点を左から $1', 2', 3', \ldots$ とする。命題 $P(0)$、すなわち、横棒がない場合を考える。横棒がなければ、始点 $1, 2, 3, \ldots$ から出発すると、それぞれ、終点 $1', 2', 3', \ldots$ に辿り着く。特に、異なる始点から出発すると異なる終点に辿り着く。従って、命題 $P(0)$ は正しい。

次に、命題 $P(k)$ が正しいと仮定し、命題 $P(k+1)$ を証明するために、横棒の本数が $k+1$ である阿弥陀籤 A を考える。阿弥陀籤 A のもっとも下に位置する横棒のなかで、もっとも左に位置するものに着目する［たとえば、

（図 6 － 4）の阿弥陀籤 A では、もっとも下に位置する横棒は、a, b, c の 3 本であり、そのうち、もっとも左に位置する横棒は a である］。その着目した横棒を除去した阿弥陀籤 B を考える［すると、（図 6 － 4）の阿弥陀籤 A では、阿弥陀籤 B は（図 6 － 5）である］。

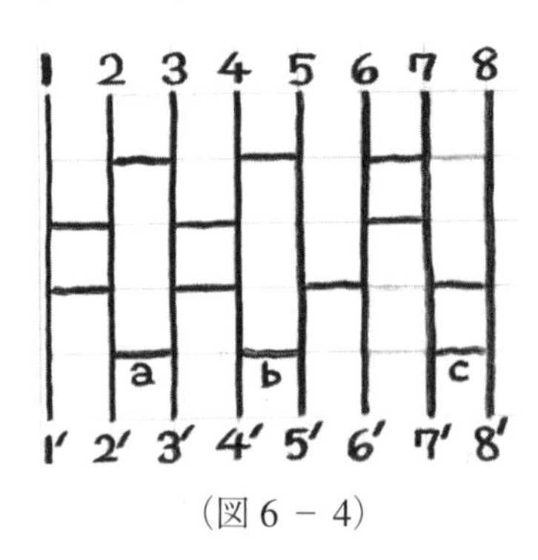

（図 6 － 4）

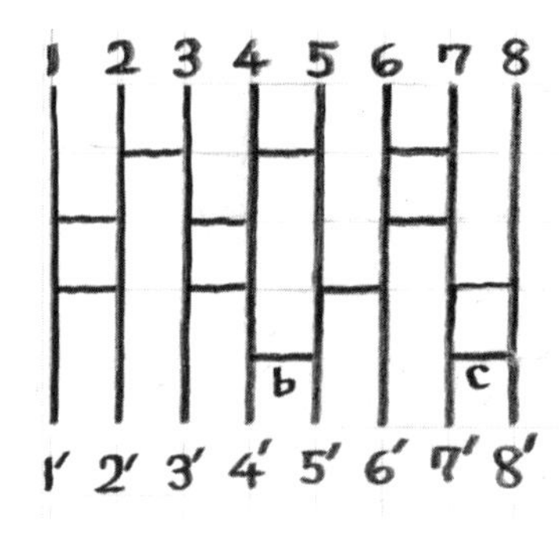

（図 6 － 5）

阿弥陀籤 B の横棒の本数は k であるから、命題 $P(k)$ が正しいことから、阿弥陀籤 B においては、異なる始点から出発すると異なる終点に辿り着く。いま、阿弥陀籤 A から除去した横棒が i と i' を結ぶ縦棒と $i+1$ と $(i+1)'$ を結ぶ縦棒を結んでいるとする［たとえば、（図 6 － 4）の阿弥陀籤 A では、$i=2$ である］。阿弥陀籤 B において、終点 i' に到達する始点を p とし、終点 $(i+1)'$ に到達する始点を q とする［すると、（図 6 － 5）の阿弥陀籤 B

では、$p=3, q=2$ である］。このとき、阿弥陀籤 A においては、p と q 以外の始点は阿弥陀籤 B における終点と同じ終点に辿り着き、始点 p は終点 $(i+1)'$ に、始点 q は終点 i' に辿り着く。換言すると、阿弥陀籤 A においては、阿弥陀籤 B における始点 p と q の辿り着く終点は入れ替わるが、他の始点が辿り着く終点は変わらない。阿弥陀籤 B においては、異なる始点から出発すると異なる終点に辿り着くから、阿弥陀籤 A においても、異なる始点から出発すると異なる終点に辿り着く。（証明終）

数学的帰納法で証明すれば、なあんだ！　と思うかも知れませんし、あるいは、何か誤摩化されたような雰囲気だなあ、と思うかも知れません。阿弥陀籤 A のもっとも下に位置する横棒の一つに着目するところがポイントである。もっとも左に位置することは本質的ではないが、着目する横棒の一つを決めるためにそのようにした。もっとも下に位置する横棒ではなく、途中の横棒を除去しては、阿弥陀籤 B の辿り着く結果から阿弥陀籤 A の辿り着く結果を導くことは難しい。

ちょっと趣の異なる別証をする。数学的帰納法の変型版を使う。いま、自然数 n についての命題を証明するとき、

［1］$n=1$ のとき、命題 $P(1)$ は正しい
［2］命題 $P(1), P(2), \ldots, P(k)$ が正しければ、$P(k+1)$ も正しい

の両者が証明できれば、すべての n について、命題 $P(n)$ が正しいことが従う。数学的帰納法の原理と同じであるが、このような変型版はしばしば有効である。

［別証］再び、命題 $P(n)$ を「横棒の本数が n 本である阿弥陀籤では、異なる始点から出発すると異なる終点に辿り着く」とする。命題 $P(0)$ は正しい。

次に、命題 $P(1)$ が正しいことを示す。横棒が唯一つである阿弥陀籤の始点を左から $1, 2, \ldots$ とし、終点を左から $1', 2', \ldots$ とする。唯一つある横棒

が i と i' を結ぶ縦棒と $i+1$ と $(i+1)'$ を結ぶ縦棒を結んでいるとする。すると、始点 i は終点 $(i+1)'$ に辿り着き、始点 $i+1$ は終点 i' に辿り着く。他の始点 j は終点 j' に辿り着く。すると、異なる始点から出発すると異なる終点に辿り着く。

いま、$k \geqq 1$ とし、命題 $P(1), P(2), \ldots, P(k)$ が正しいと仮定し、横棒が $k+1$ 本の阿弥陀籤があったとする。いま、その阿弥陀籤の横棒をわずかに上下に移動させ、一つの直線上にすべての横棒が載っていることはないようにする。そのように横棒をわずかに移動させても、阿弥陀籤の結果には影響はない。このとき、（図 6 − 6）のように、阿弥陀籤を一本の直線（（図 6 − 6）では点線で表示）で切って、その直線の上側にも下側にも横棒があるようにする。直線よりも上側の阿弥陀籤を A とし、直線よりも下側の阿弥陀籤を B とする。すると、阿弥陀籤 A の横棒の数も阿弥陀籤 B の横棒の数も、両者とも k 本以下である。すると、命題 $P(1), P(2), \ldots, P(k)$ が正しいという仮定から、阿弥陀籤 A も阿弥陀籤 B も異なる始点から出発すると異なる終点に辿り着く。もともとの阿弥陀籤は阿弥陀籤 A と阿弥陀籤 B を結んだものであるから、異なる始点から出発すると異なる終点に辿り着く。

（証明終）

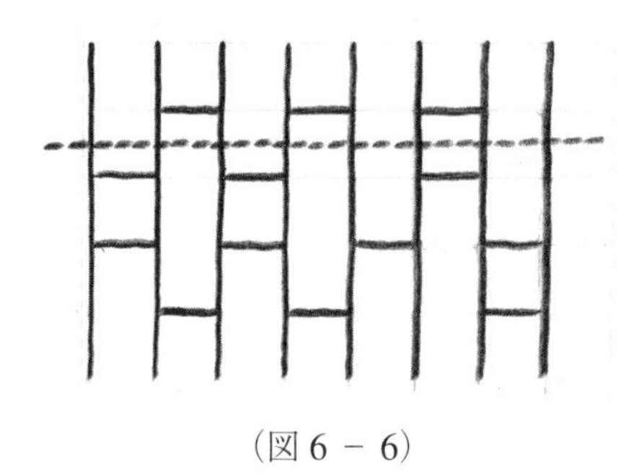

（図 6 − 6）

ところで、数学的帰納法の問題を解いていると、その議論の冒頭の $n=1$（もちろん、$n=0$ のとき、$n=2$ のときもあるが）のときを示すことはほとんど自明であって、その後、$n=k$ から $n=k+1$ とするときには、k はあたかも大きな整数であるような錯覚を覚える。その錯覚を軽く扱っては駄目である。思わぬ落とし穴に嵌（はま）ることもある。その典型的な例を挙げる。

いま、碁石の白玉と黒玉が沢山あるとする。ここから、「一握りの碁石（その個数を n 個とする）を掴（つか）むとき、その掴んだ碁石の色はすべて白色であるか、すべて黒色である」という誤った命題 $P(n)$ を証明する。

もちろん、$P(1)$ は正しい。碁石が一個しかなければ、自明なことであるから。そこで、$P(k)$ は正しいとして、$P(k+1)$ が正しいことを証明する。すなわち、k 個の碁石を掴んだとき、すべてが同じ色であると仮定する。そして、$k+1$ 個の碁石を掴んでみる。便宜上、その碁石に番号を付け、$1, 2, \ldots, k+1$ とする。掴んだ碁石から、1 番の碁石を除くと、k 個を掴んだことになるから、帰納法の仮定から、番号が $2, 3, \ldots, k, k+1$ の碁石の色はすべて同じ色である。他方、掴んだ碁石から、$k+1$ 番の碁石を除いても、k 個を掴んだことになるから、番号が $1, 2, \ldots, k-1, k$ の碁石の色はすべて同じ色である。さて、$2, 3, \ldots, k$ の番号の碁石は両者に共通であるから、結局、1 番の碁石も、$k+1$ 番の碁石も、どちらも、番号が $2, 3, \ldots, k$ の碁石と同じ色である。従って、$k+1$ 個の碁石の色はすべて同じである。

さて、この碁石の議論のトリックはどこにあるのでしょうか。整数 k が大きな整数と錯覚しているところが嘘なのです。実際、$k=1$ とすると、「どちらも、番号が $2, 3, \ldots, k$ の碁石と同じ色」という議論が無効です。

阿弥陀籤の議論を踏襲する。

定理　阿弥陀籤の縦棒を n 本とし、始点を $1,2,\ldots,n$ として、終点を $1',2',\ldots,n'$ とする。始点は、常に、左から順番に $1,2,\ldots,n$ とし、終点の $1',2',\ldots,n'$ はどのように並べることもできるとする。すると、終点の $1',2',\ldots,n'$ の並べ方は $n!$ 通りある。終点の $1',2',\ldots,n'$ をどのように並べても、始点の i が終点の i' に辿り着く（但し、$i=1,2,\ldots,n$）横棒の入れ方が存在する。

再び、「存在の証明」である。87 ページの定理では、阿弥陀籤の横棒の本数に関する数学的帰納法を使っているが、この定理の証明では、縦棒に関する数学的帰納法を使う。

［証明］まず、縦棒が一本のときは自明である。縦棒の本数を n 本とし、$n \geq 2$ とする。終点を左から

$$a'_1, a'_2, \ldots, a'_{k-1}, 1', a'_{k+1}, \ldots, a'_n$$

とする。

いま、終点が左から

$$1', a'_1, a'_2, \ldots, a'_{k-1}, a'_{k+1}, \ldots, a'_n$$

となっているならば、数学的帰納法の仮定から、題意を満たす横棒の入れ方は存在する。

実際、もっとも、左側にある縦棒は無視すればいいから、縦棒が $n-1$ 本のときに帰着する。すると、始点が左から

$$1', a'_1, a'_2, \ldots, a'_{k-1}$$

となっており、終点が左から

$$a'_1, a'_2, \ldots, a'_{k-1}, 1'$$

となっている阿弥陀籤について、$1'$ が $1'$ に、a'_j が a'_j（$j = 1, 2, \ldots, k-1$）に辿り着く横棒の入れ方が存在することを言えばよい。しかし、これは具体的に（図 6 − 7）のような横棒を入れればよい。（証明終）

ところで、数学的帰納法には、幾つかの亜種（変種？）がある。上の証明では、縦棒の本数に関する数学的帰納法を使っているが、辞書式順序と呼ばれる概念を導入し、数学的帰納法の亜種による証明を紹介する。

一般に、$1, 2, \ldots, n$ の順列 $a_1, a_2, \ldots, a_n$ と $b_1, b_2, \ldots, b_n$ があったとき、辞

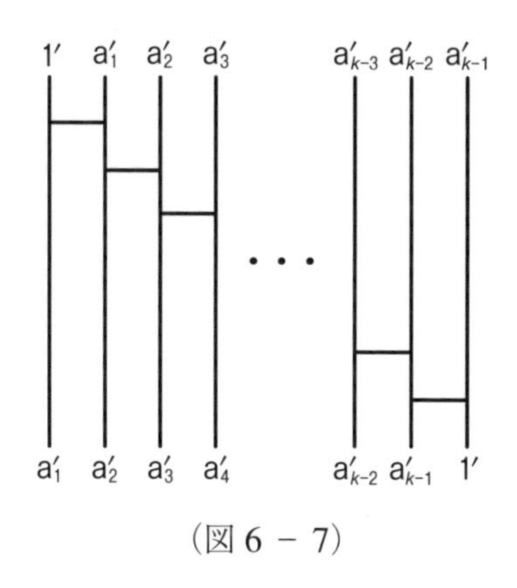

（図 6 − 7）

書式順序に関して $a_1, a_2, \ldots, a_n$ が $b_1, b_2, \ldots, b_n$ よりも小さいとは、

$$a_1 = b_1, a_2 = b_2, \ldots, a_{k-1} = b_{k-1}, a_k < b_k$$

となる番号 $1 \leq k < n$ が存在するときに言う。もっとも、こんな定義を読んで、さっと理解できる読者は、もともと、辞書式順序を知っている読者であろう。もっとくだけていうと、1 を a と、2 を b と、3 を c と、. . . などと思う（じゃあ、n が 26 を越えたらどうするんだ、と読者は苦情を言うかもしれないが、どうするんでしょうなぁ〜）とき、英和辞典で、英単語 $a_1a_2 \cdots a_n$ が $b_1b_2 \cdots b_n$ よりも前に載るとき、辞書式順序に関して $a_1, a_2, \ldots, a_n$ が $b_1, b_2, \ldots, b_n$ よりも小さいと定義するのである。

たとえば、単語 $bcda$（はないけれど、もし、あるならば、それ）は単語 $bdac$ よりも英和辞典で前に載るから、順列 2,3,4,1 は順列 2,4,1,3 よりも小さい。簡単な $n = 3$ のとき、順列を小さい順に並べると

$$1,2,3 \quad 1,3,2, \quad 2,1,3, \quad 2,3,1, \quad 3,1,2, \quad 3,2,1$$

となる。

換言すると、数字の並び

$$a_1 - b_1, a_2 - b_2, \ldots, a_{n-1} - b_{n-1}, a_n - b_n$$

を左から順番に観るとき、0でないもっとも最初の数字が「負」であるとき（注意：「正」ではない）辞書式順序に関して $a_1, a_2, \ldots, a_n$ が $b_1, b_2, \ldots, b_n$ よりも小さいと定義する。

［定理の別証］阿弥陀籤の終点の $1', 2', \ldots, n'$ はどのように並べることもできるから、終点は $1', 2', \ldots, n'$ の順列である。終点の順列の辞書式順序に関する数学的帰納法を使って、定理の証明をする。まず、終点の順列がもっとも小さいとき、終点の順列は $1', 2', \ldots, n'$ であるから、横棒は何も入れなくてもよい。いま、終点の順列 $a'_1, a'_2, \ldots, a'_n$ が、もっとも小さな順列 $1', 2', \ldots, n'$ とは異なり、しかも、$a'_1, a'_2, \ldots, a'_n$ よりも小さな順列のときは、題意を満たす横棒の入れ方が存在すると仮定する。順列 $a'_1, a'_2, \ldots, a'_n$ が $1', 2', \ldots, n'$ と異なることから、$a'_i > a'_{i+1}$ となる $1 \leq i < n$ が存在する。そこで、順列

$$a'_1, a'_2, \ldots, a'_{i-1}, a'_{i+1}, a'_i, a'_{i+2}, \ldots, a'_n$$

を考えると、その順列は、$a'_1, a'_2, \ldots, a'_n$ よりも小さい。すると、数学的帰納法の仮定から、終点の順列がその順列であるときには、題意を満たす横棒の入れ方が存在する。このとき、その阿弥陀籤のどの横棒よりも下の箇所に、左から i 番目の縦棒と $i+1$ 番目の縦棒の間に横棒を入れると、終点の順列が $a'_1, a'_2, \ldots, a'_n$ となっているときの題意を満たす横棒の入れ方が得られる。

（別証終）

続いて、第5章の問題5－8の別解を考える。数学的帰納法を使う。入試問題の模範解答例としては、背理法を使うよりも、寧ろ、数学的帰納法を使うのが妥当であろう。

［問題5－8の別解］問題5－8の解答例で示していることであるが、第 k 位の成績は $(n-k)$ 勝 $(k-1)$ 敗となる。いま、第1位のチームは全勝である。特に、自分よりも下位のチームには勝っている。すると、第1位のチー

ムを除外し、第2位から第 n 位の $n-1$ 個のチームの対戦に限定すると、問題文の条件である、引き分けもなく、更に、（どのチームも、第1位のチームに負けているから）同じ順位のチームがない。すると、数学的帰納法の仮定から、第2位から第 n 位の $n-1$ 個のチームは、それぞれ、自分よりも下位のチームには勝っている。

もっとも、時間制限の厳しい入試の現場で、このようなあっさりとした数学的帰納法の答案を作成することは至難の業であろう。模範解答とは言えないだろうけど、第 k 位の成績は $(n-k)$ 勝 $(k-1)$ 敗となることを示した後、「第1位のチームは全勝であるから、自分よりも下位のチームには勝っている。第2位のチームは1敗であり、第1位のチームには負けているから、自分よりも下位のチームには勝っている。第3位のチームは2敗であり、第1位のチームと第2位のチームには負けているから、自分よりも下位のチームには勝っている。これを繰り返すと、すべてのチームは自分よりも下位のチームに負けている。」なんて雰囲気で答案が作成できれば、マズマズなのではないでしょうか。満点がもらえる答案ではないかもしれませんけど。第 k 位の成績は $(n-k)$ 勝 $(k-1)$ 敗となることを示したら、部分点があるかも。

ところで、部分点、部分点と受験生は言うけど、部分点を稼ぐような姿勢は望ましくはない。受験生は、部分点を狙うのではなく、あくまでも、完全解答をすることを必須とすべきである。部分点は、採点する側の便宜上の措置である。白紙の答案と何かやってある答案を同じ価値と判断することは、選抜試験の採点としては、健全な作業とは言えない。だから、やむを得ず部分点を与えることになる。部分点を与える原則を、採点基準と呼ぶのであろう。しかしながら、入学試験が選抜試験である以上、採点基準は受験生の答案に依存する。必然的に、同じ問題であっても、学部によっては、採点基準も異なることもあろう。白紙の答案が続出すれば、解答の方針がちょっとでも示してある答案はそれなりの部分点があるかもしれないが、満点の答案が続出すれば、解答の方針が示してあるだけの答案は、白紙の答案と差はないであろう。

部分点の話は、兎も角、いずれにしても、問題５－８は、背理法と数学的帰納法の両者で解答することができる、という稀な問題である。

第7章 数学的帰納法（応用編）

第 7 章は、一筆書きの話題である。筆者は数学史については全くの素人であるが、一筆書きの問題の発祥の歴史から始める。

18 世紀のことです。プロイセン王国の首都ケーニヒスベルグにはプレーゲル川という大きな川が流れておりました。その川には（図 7 − 1）のように、七つの橋が架けられていたそうです。あるとき街の人が次の問題を提起しました。いわゆるケーニヒスベルグの橋の問題と呼ばれているものです。「プレーゲル川に架かっている七つの橋を全部渡って、元の所に帰ってくることができるか。但し、どこから出発してもよいが、同じ橋を 2 度渡ってはいけない」。

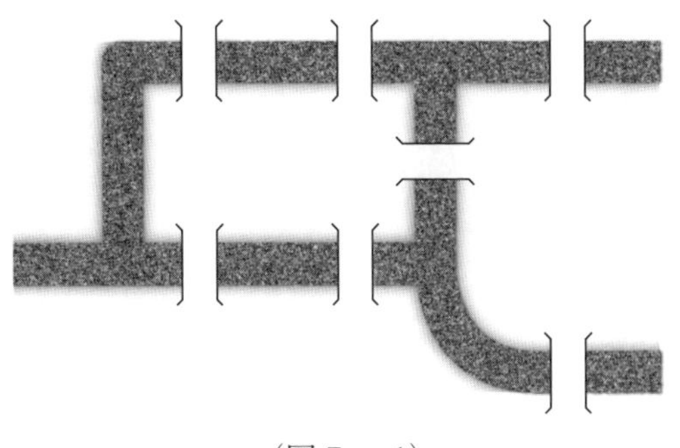

（図 7 − 1）

1736 年、レオンハルト・オイラーは、ケーニヒスベルグの橋の問題を有限グラフの問題に置き換えた。すなわち、陸を頂点、橋を辺と思うと、プ

レーゲル川の七つの橋は、有限グラフ

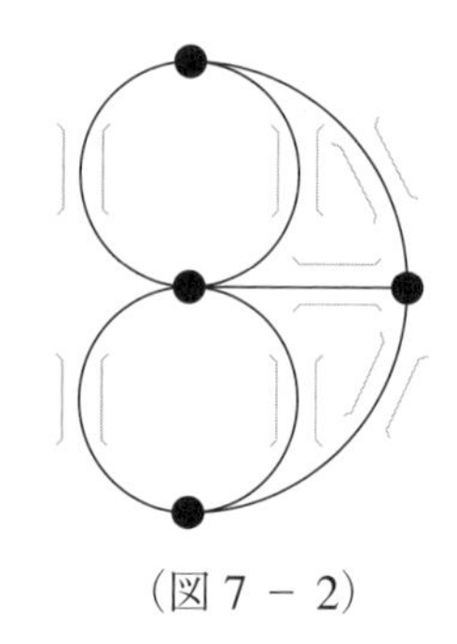

（図７－２）

として表現される。その有限グラフが一筆書き可能であるか否かがケーニヒスベルグの橋の問題である。筆者はグラフ理論については全くの素人であり、現在のグラフ理論の潮流がどうなっているかは無知であるが、専門家の話を聞く限り、ケーニヒスベルグの橋の問題がグラフ理論の起源であるそうだ。

第７章では、有限グラフが一筆書き可能であるための判定法を紹介し、それを数学的帰納法で証明する。

一筆書きの問題は誰にでも理解できるし、ときには中学入試の受験算数でも出題される。たとえば、

問題７－１　次の①～④の絵の中で、一筆書きができるのはどれか。

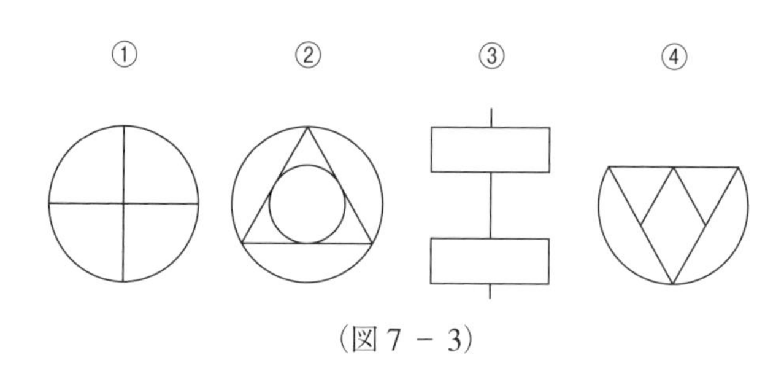

（図７－３）

［解答例］　後述する一筆書き可能であるための判定法を使うと短時間で解

答できるが、出題者はその判定法を小学生が知っていることを既知としているのだろうか。既知だとしても、証明を知っているのではなく、単に進学塾で教えてもらった解法を暗記しているに過ぎない。小学生の算数の思考力を試す問題としては愚問の横綱である。一筆書き可能の判定法を知らずにやろうとするならば、制限時間の厳しい中学入試では絶望的である。どうせ答のみを要求しているのだろうから、解くことは放棄し、しかし、解答用紙を空欄にするのはもったいないから、あてずっぽうに②と書けばそれで正解である。運良く正解を得て、ぎりぎりのボーダーラインで合格した受験生も、恐らく、いただろう。

グラフとは頂点と辺からなるものである。以下では、有限グラフのみを考える。すなわち、頂点も辺も有限個のものである。頂点とは何か、辺とは何か、などの数学的な定義はやらずに、頂点は●で表し、辺は●と●を結ぶ線（必ずしも直線でなくてもよい）だと思えばいいだろう。たとえば、

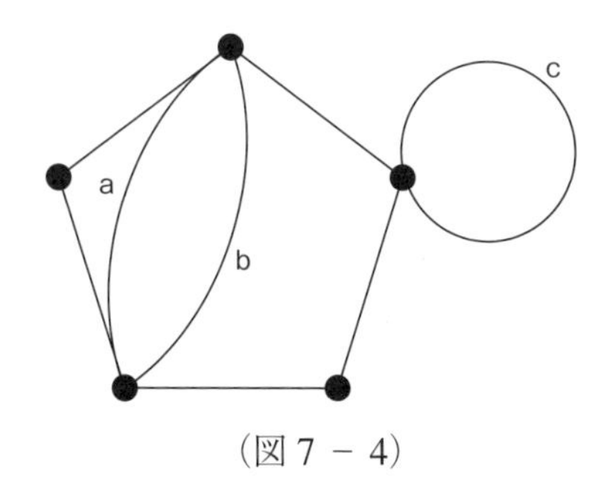

（図 7 − 4）

は、頂点の個数が 5 個、辺の個数が 8 個の有限グラフである。ここで、ちょっと辺についての注意。第 1 に、辺には向きはない。第 2 に、異なる辺の両端の頂点が一致することも許す。たとえば、（図 7 − 4）の辺 a と辺 b はそのような辺である。第 3 に、（図 7 − 4）の辺 c のように一つの頂点とその頂点自身を結ぶ辺をループと呼ぶ。

有限グラフが連結とは、二つの任意の頂点について、一方の頂点から他方の頂点に辺を伝って辿り着くことができるときに言う。たとえば、（図 7 − 4）の有限グラフは連結であるが、（図 7 − 5）の有限グラフは連結ではない。

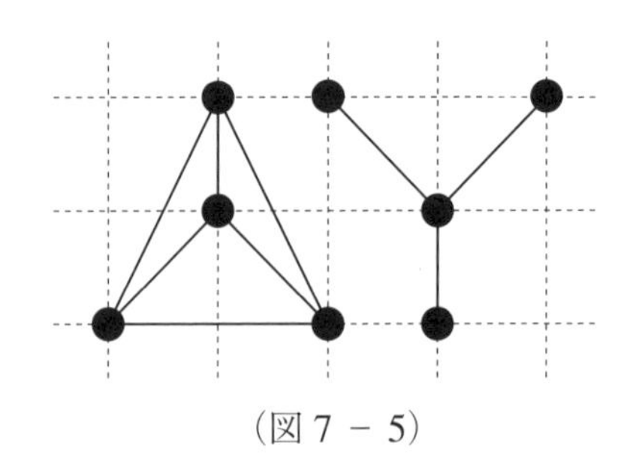

（図 7 － 5）

有限グラフが「一筆書き（が）可能」であるとは、一つの頂点から出発し、辺を辿って頂点を移動する（離れた頂点に飛ぶことは不可）とき、すべての辺をちょうど一回ずつ通って、すべての辺を通ることができるときに言う。出発する頂点（始点と呼ぶ）と到着する頂点（終点と呼ぶ）は異なってもよいし、同じ頂点を何度でも通過してもよい。始点と終点以外の頂点を通過点と呼ぶ［注意：しかし、ケーニヒスベルグの橋の問題では、始点と終点が一致することを要求している］。

一筆書き可能であれば、その有限グラフは連結である。他方、一筆書きを議論するときには、ループはあってもなくても関係ない。実際、ループがあれば、そのループをぐるっと一回りするだけである。以下、考える有限グラフはループを持たない連結な有限グラフに限ることにする。

有限グラフがあったとき、それが一筆書き可能であることを示すには、実際に一筆書きをすればよいが、一筆書き可能でない、ということを示すのは（知識がなければ）難しい。一般に、不可能であることの証明は困難である。

有限グラフが一筆書き可能であるとし、始点から辺を辿って頂点を移動するとき、辺をどの方向に辿るかで辺の向きを決めることができる。たとえば、（図 7 － 6）と（図 7 － 7）の有限グラフは、両者とも、一筆書き可能であり、その辿る辺の順番を辺に番号を付けて表示し、辺の向きを矢印で表示してある。但し、（図 7 － 6）は始点と終点が一致し、（図 7 － 7）は始点と終点が異なる。

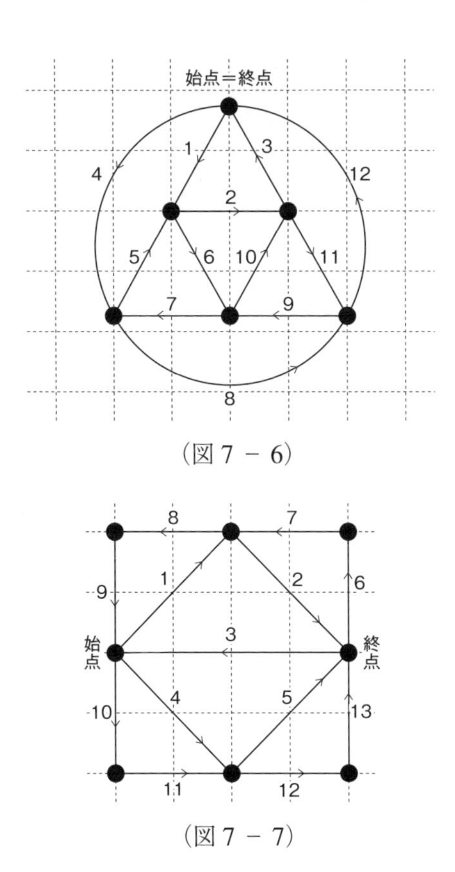

（図７ － ６）

（図７ － ７）

これらの有限グラフをじっと眺めると一筆書き可能な有限グラフの特徴が次第に浮かんでくる。通過点に着目しよう。通過点と言うのだから、その頂点に入ってくる辺があればその辺に続く辺として、その頂点から出ていく辺がなければならない。但し、続く辺とは、辺の順番を表示する番号が連続しているという意味である。これらの番号が連続している辺を対に考えると、通過点にくっついている辺の本数は偶数である。

次に、（図７ － ６）の有限グラフの始点と終点が一致している頂点では、途中の番号が連続している辺を対にするとともに、始発の辺と終着の辺を対にすると、やはりその頂点にくっついている辺の本数は偶数である。

他方、（図７－７）の有限グラフの始点と終点が一致していない場合、始発にくっついている辺の本数は奇数、終点にくっついている辺の本数も奇数である。

有限グラフの頂点の次数とは、その頂点にくっついている辺の個数のことを言う。たとえば、（図７－８）は有限グラフの頂点にその次数を書き込んだものである。

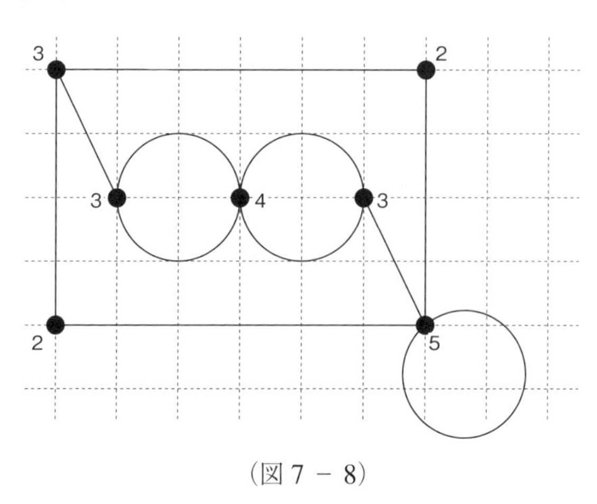

（図７－８）

頂点の次数が奇数のとき、その頂点を奇点と呼び、頂点の次数が偶数のとき、その頂点を偶点と呼ぶ。たとえば、（図７－８）の有限グラフには、奇点は４個、偶点は３個ある。

補題　有限グラフの頂点の次数の和は偶数である。特に、有限グラフの奇点の個数は偶数である。

［証明］一つの辺は二つの頂点にくっついている。すると、頂点にくっついている辺の個数を数えるとき、一つの辺は２回数える。従って、頂点の次数の和は辺の個数の２倍である。特に、頂点の次数の和は偶数である。（証明終）

有限グラフ（図7 − 6）と（図7 − 7）の考察から、次の事実が従う。

・連結な有限グラフが一筆書き可能ならば、奇点の個数は0個か2個である。

この事実を使うと、問題7 − 1の①、③、④が一筆書き可能でないことが判明する。それでは、逆に、奇点の個数は0個か2個であれば、一筆書き可能なのであろうか。実は、そうである。すなわち、

定理　(a) 連結な有限グラフが一筆書き可能であれば、奇点の個数は0個か2個である。

(b) 逆に、連結な有限グラフの奇点の個数が0個か2個であるならば、その有限グラフは一筆書き可能である。もっと詳しく言うと、奇点の個数が2個ならば、任意に選んだどちら一方の奇点を始点、他の奇点を終点とする一筆書きが可能である。すべての頂点が偶点ならば、任意の頂点を始点かつ終点とする一筆書きが可能である。

［証明］(a) は既知である。以下、(b) を示す。命題 $P(n)$ を「辺の個数が n 本である連結な有限グラフの奇点の個数が0個か2個であるとする。奇点の個数が2個ならば、任意に選んだどちら一方の奇点を始点、他の奇点を終点とする一筆書きが可能である。すべての頂点が偶点ならば、任意の頂点を始点かつ終点とする一筆書きが可能である」とし、命題 $P(n)$ を n についての数学的帰納法で証明する。まず、$n=1$ ならば、その有限グラフは

であるから、一筆書き可能である。いま、$k \geqq 1$ とし、命題 $P(1), P(2), \ldots, P(k)$ が正しいと仮定し、$P(k+1)$ を示す。辺の本数が $k+1$ 本である連結な有限グラフ G の奇点の個数が0個か2個であるとする。

以下、奇点の個数が0個の場合と2個の場合を別々に考える。このようなときには、証明を第1段、第2段と区切って記載すると読みやすくなる。第1段では奇点が2個の場合を扱い、第2段では奇点が0個の場合を扱う。

（第1段）奇点の個数が2個であるとし、奇点をxとyとする。奇点yを始点とし、奇点xを終点とするGの一筆書きが可能であることを示す。

①奇点xと偶点zを結ぶ辺eがあるならば、その辺を除去する。すると、頂点xは偶点となり、頂点zは奇点となる。辺eを除去した有限グラフG'の辺の個数はkであり、奇点はyとzの2個である。すると、G'が連結であるならば、命題$P(k)$が正しいことから、奇点yを始点とし、奇点zを終点とするG'の一筆書きが可能である。その一筆書きの後に辺eを添付すれば、奇点yを始点とし、奇点xを終点とするGの一筆書きとなる。

他方、辺eを除去した有限グラフG'が連結でないと仮定する。たとえば、（図7－9）がその例である。そのときは、頂点xを含む連結グラフG'_1と頂点zを含む連結グラフG'_2を考える。このとき、頂点yはG'_2に属する［実際、頂点yがG'_1に属すると仮定すると、G'_2には奇点がzの一個だけとなり、補題に矛盾する］。すると、連結なグラフG'_1はすべての頂点が偶点となり、その辺の個数がk以下であることから、G'_1は頂点xを始点かつ終点とする一筆書きが可能である。他方、有限グラフG'_2の奇点はyとzの2個であるから、その辺の個数がk以下であることから、G'_2は奇点yを始点とし、奇点zを終点とする一筆書きが可能である。すると、G'_2の一筆書きの後に辺eを添付し、G'_1を一筆書きすれば、yを始点とし、xを終点とするGの一筆書きが可能である。

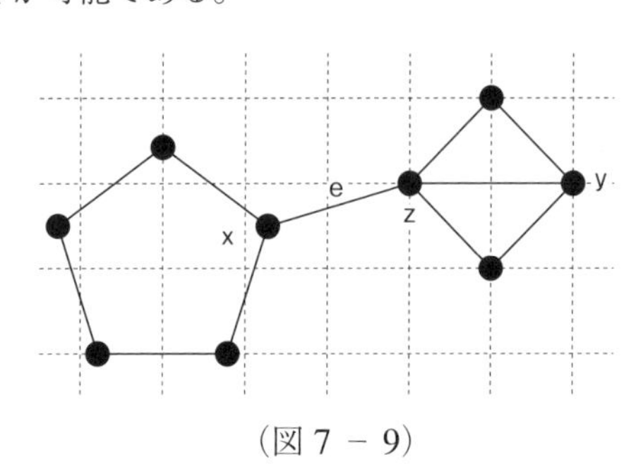

（図7－9）

②<u>奇点 x と偶点を結ぶ辺が存在しない</u>ならば、奇点 x の次数は 1 であり、x にくっついている唯一つの辺 e は y と結ばれている。たとえば、（図 7 － 10）など。頂点 y の次数も 1 ならば、G が連結で、その辺の個数が少なくとも 2 個であることに反する。従って、頂点 y の次数は少なくとも 2 である。すると、G から辺 e を除去すると、頂点 y を含む連結な有限グラフ G' と孤立点 x に分離する［孤立点とは次数 0 の頂点のことである］。連結な有限グラフ G' の頂点 y は偶点であるから、G' のすべての頂点は偶点である。すると、G' の辺の本数が k 本であることから、G' は y を始点かつ終点とする一筆書きが可能である。その一筆書きの後に辺 e を添付すれば、y を始点とし、x を終点とする G の一筆書きが可能である。

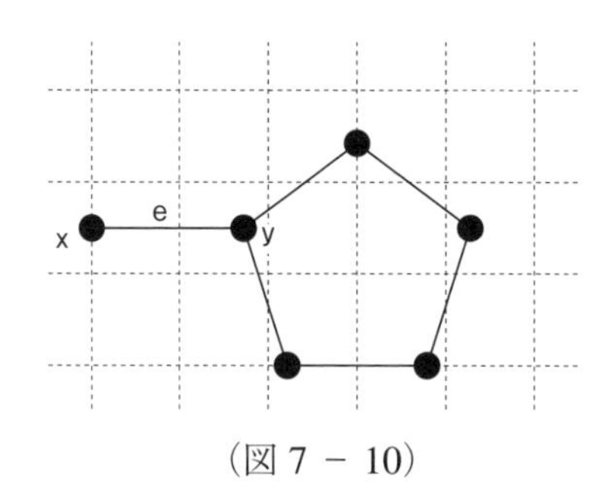

（図 7 － 10）

（第 2 段） 辺の本数が $k+1$ 本である有限グラフ G のすべての頂点が偶点であると仮定し、任意の頂点 x と頂点 y を結ぶ辺 e を除去する。すると、辺 e を除去した有限グラフ G' では、頂点 x と y は両者とも奇点となる。いま、G' が連結でないと仮定すると、x を含む連結な有限グラフ G'_1 と y を含む連結な有限グラフ G'_2 に分離するが、G'_1 も G'_2 も奇点が一つであるから、補題に矛盾する。従って、G' は連結である。いま、G' の辺の本数は k であるから、命題 $P(k)$ が正しいことから、G' は x を始点とし、y を終点とする一筆書きが可能である。その一筆書きの後に辺 e を添付すると、x を始点かつ終点とする G の一筆書きができる。（証明終）

証明がすっかり長くなったが、証明のアイデアは辺を一本除去することから、命題 $P(1), P(2), \ldots, P(k)$ が正しいという帰納法の仮定が使えるようにすることである。議論が煩雑になる理由は、辺を一本除去すると、もはやグラフの連結性が保たれるとは限らないからである。

一筆書き可能の判定法がわかったのであるが、しかし、具体的な有限グラフがあったとき、それが一筆書き可能と判定できても、実際問題として、一筆書きをするのはそれほど簡単ではない。定理の（b）の証明から、辺を一本ずつ除去していけばいいのであるが、辺の本数が多くなると、それなりに厄介(やっかい)である。頭の体操だと思って、あれこれとやってみると面白い。その際、奇点が2個であれば、どちらかを始点としなければならない。この情報があるだけでも、大きなヒントである。

問題7－2 次の有限グラフを一筆書きせよ。

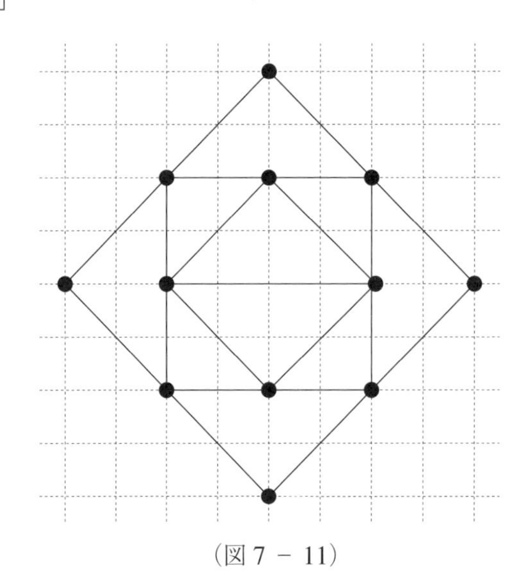

（図7 － 11）

[解答例]　奇点を白丸にし、辺に辿る順番を入れてある。

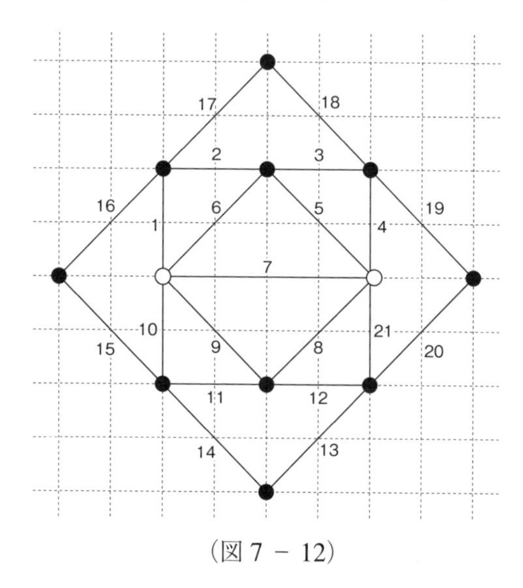

（図７－12）

問題７－３　次の有限グラフを一筆書きせよ。

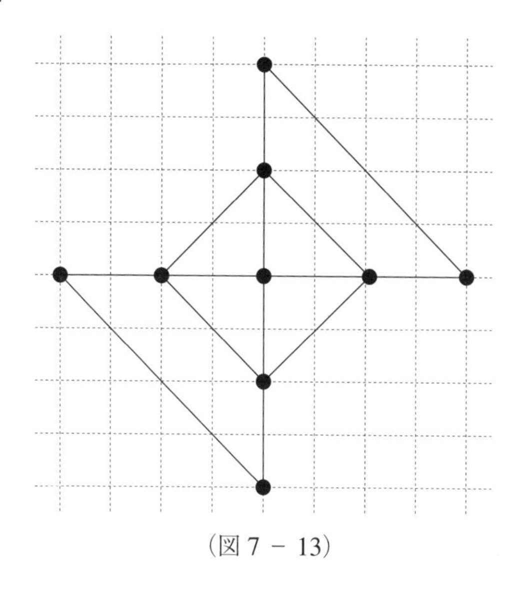

（図７－13）

[解答例]　すべての頂点が偶点であるから、任意の点を始点かつ終点とできる。やはり辺に辿る順番を入れてある。

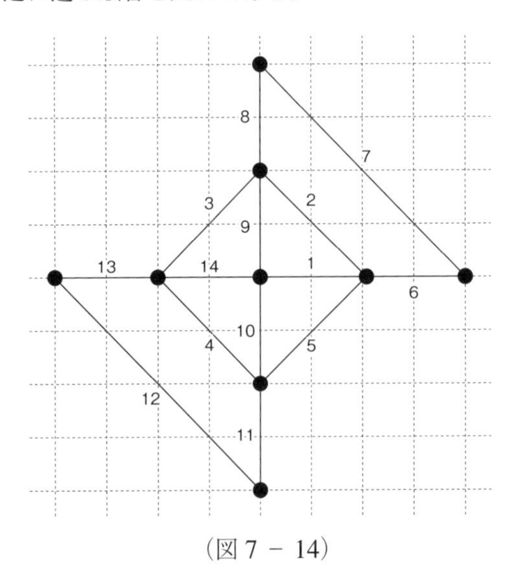

（図 7 － 14）

余談ですが、一筆書きは、オイラーの多面体定理（第 8 章参照）とともに、「数学教育の現代化」が叫ばれ、昭和 44 年、改訂中学校指導要領が公布されたとき、中学数学に華々しく現れました。ですから、本著の内容も部分的には、嘗て（昭和 46 年～昭和 54 年）の中学校の数学のカリキュラムに含まれていた内容です。一筆書きにしても、オイラーの多面体定理にしても、どうしてそれらが現代化なのでしょうか。数学の研究などの学術的な背景も一つの要因だったのでしょう。一筆書きにしても、オイラーの多面体定理にしても、本著で紹介するような証明は、中学数学の教科書には掲載されていませんでした。ですから、結果の紹介と例の検証に過ぎません。やがて削除される悲運を辿るのも、もっともでしょう。

数学だけに限ったことではありませんが、教育の現代化は、「落ち溢れ」という言葉を誕生させ、その後、「学級崩壊」と「校内暴力」などを経て、「ゆとり教育」へと変遷しました。いま、「ゆとり教育」に危機感を覚え、「脱ゆとり教育」が始まろうとしています。我が国の教育はどこに向かうのでしょうか。筆者は数学教育の専門家ではありませんが、数学に限らず、教育とは、基礎知識を詰め込むことだと思います。基礎教育に考える授業など必要ありません。子供に考えさせようとしても、そのような授業が学校教育の現場で成立することなどは、一般の公立小学校では、ほとんど無理でしょう。それどころか、小学校の理科の教科書がそうですが、考えさせようとするような執筆の形態からでしょうか、教科書を読んでも何が基礎となる知識なのかがさっぱりとわかりません。教師がそれをちゃんと教えてくれるのでしょうか。たとえば、氷の入ったコップにギリギリまで水を入れ、氷が浮かぶようにし、その氷が解けるとどうなるでしょうか。水は溢（あふ）れないですね（蒸発は考えません）。その理由を子供に考えよ、と言っても無理でしょう。氷の体積変化、浮力などの基礎知識をしっかりと教えなければ、そのような実験をしても、何も考えることはできません。基礎知識を机上の理論として覚えるだけではなく、実験をすることで定着させること、これこそ詰め込み教育の典型的な例です。中学入試の理科の問題でときどき「北極の氷が解けても海面は上昇しないが、南極の氷が解けると海面は上昇する。その理由を述べよ」が出題されます。素晴らしい良問です。北極の氷は水に浮かんでいますが、南極の氷は大陸なのですから。

その他、小学校で読書感想文の書き方を満足に教えずに、夏休みの宿題に読書感想文を課すのはいかがなものでしょうか。ちゃんと教えると詰め込み教育になるから、教えずに考えさせることが大切なのでしょう。これが「ゆとり教育」の現状でしょう。結局、「ゆとり教育」という美名の下、基礎学力を定着させるという寺子屋教育が崩壊してしまったのではないでしょうか。誰のためのゆとりだったのでしょうか。そして、いまからは、誰のための脱ゆとりでしょうか。

第8章 オイラーの多面体定理

立方体、直方体、三角柱、三角錐など、空間の多面体は、誰もが幼少の頃から積み木遊びなどで馴染みが深い。第8章では、多面体の頂点、辺、面の個数に関するオイラーの多面体定理（いわゆるオイラーの公式）を証明し、その応用として、空間の正多面体が、正四面体、正六面体（立方体）、正八面体、正十二面体、正二十面体の5種類に限る、という事実を、整数問題の解として導く。

§1.　凸多角形の貼り合せ

平面の（空集合ではない）集合 A が凸集合であるとは、A に含まれる任意の点 a と b を結ぶ線分が A に含まれるときに言う。たとえば、（図8 − 1）の円盤は凸集合であるが、星は凸集合ではない。

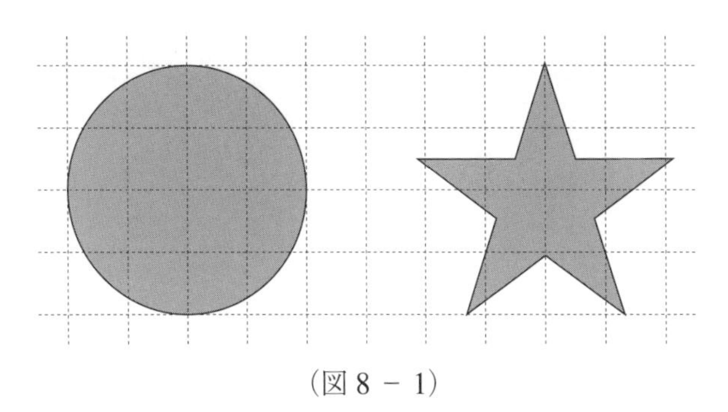

（図8 − 1）

平面において、有限個の線分 $L_1, L_2, \cdots, L_n$ があって、和集合

$$L_1 \cup L_2 \cup \cdots \cup L_n$$

が交わらない閉じた輪であるとき、その輪で囲まれた平面図形を多角形と言う。和集合 $L_1 \cup L_2 \cup \cdots \cup L_n$ はその多角形の境界と呼ばれる。多角形から境界を除いた部分を、その多角形の内部と言う。多角形であって、しかも凸集合である図形を凸多角形と言う。たとえば、(図 8 − 2) の平面図形は、いずれも、多角形ではない。他方、(図 8 − 3) と (図 8 − 4) の平面図形は、いずれも、多角形であるが、(図 8 − 3) は、いずれも、凸多角形ではなく、(図 8 − 4) は、いずれも、凸多角形である。

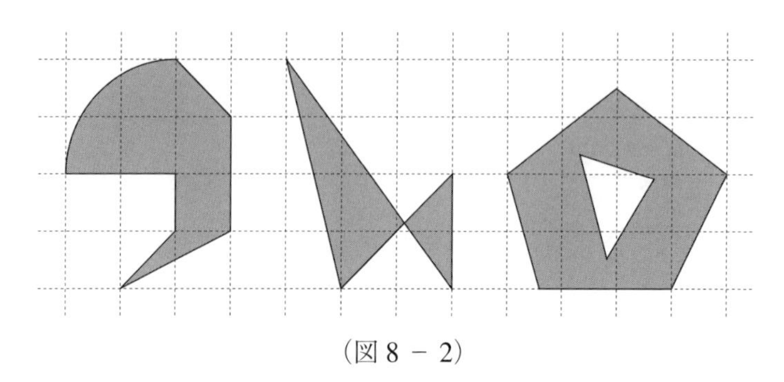

(図 8 − 2)

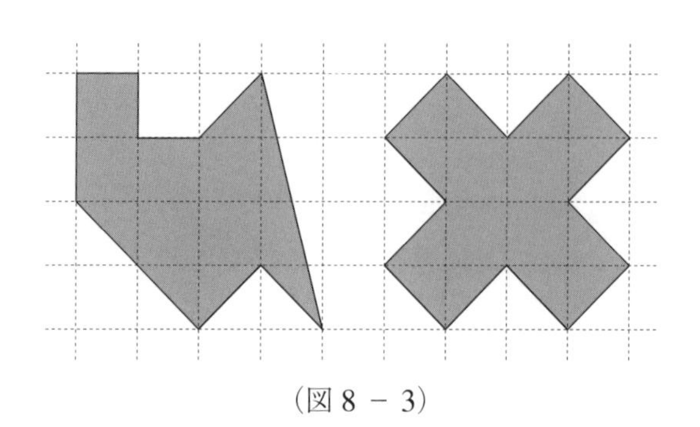

(図 8 − 3)

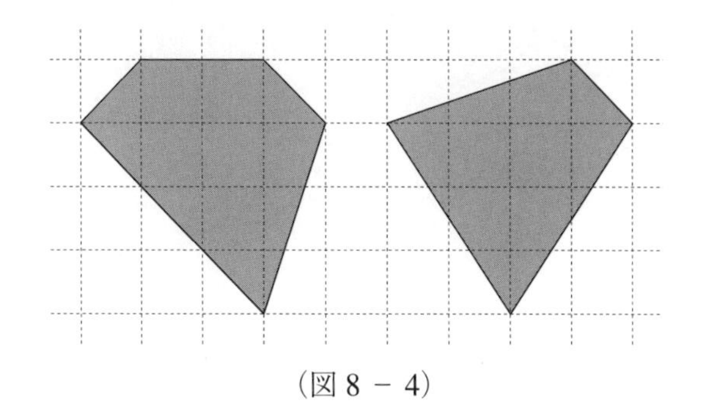

（図8 － 4）

多角形を囲むそれぞれの線分をその多角形の辺、それぞれの線分の端点を頂点と言う。但し、隣り合う辺は同一直線上にはないと約束する。すると、多角形のすべての辺の和集合がその境界である。

幾つかの凸多角形を“奇麗”に貼り合せることを考える。平面において、有限個の凸多角形 $P_1, P_2, \ldots, P_s$ があって、次の条件を満たすとき、これらの集合 $\Gamma = \{P_1, P_2, \ldots, P_s\}$ を凸多角形の貼り合せと呼ぶ。

・$i \neq j$ のとき、$P_i \cap P_j$ が空集合でなければ、$P_i \cap P_j$ は P_i の辺または頂点であり、かつ P_j の辺または頂点である。

・平面図形 $P_1 \cup P_2 \cup \cdots \cup P_n$ は多角形である。

凸多角形の貼り合せ $\Gamma = \{P_1, P_2, \ldots, P_s\}$ があったとき、多角形

$$P_1 \cup P_2 \cup \cdots \cup P_n$$

を凸多角形の貼り合せΓに付随する多角形と呼び、$|\Gamma|$と表す。

たとえば、（図8 － 5）において、$\Gamma = \{P_1, P_2, P_3, P_4, P_5\}$ は凸多角形の貼り合せであるが、（図8 － 6）と（図8 － 7）の $\Gamma = \{P_1, P_2, P_3, P_4, P_5\}$ は凸多角形の貼り合せではない。

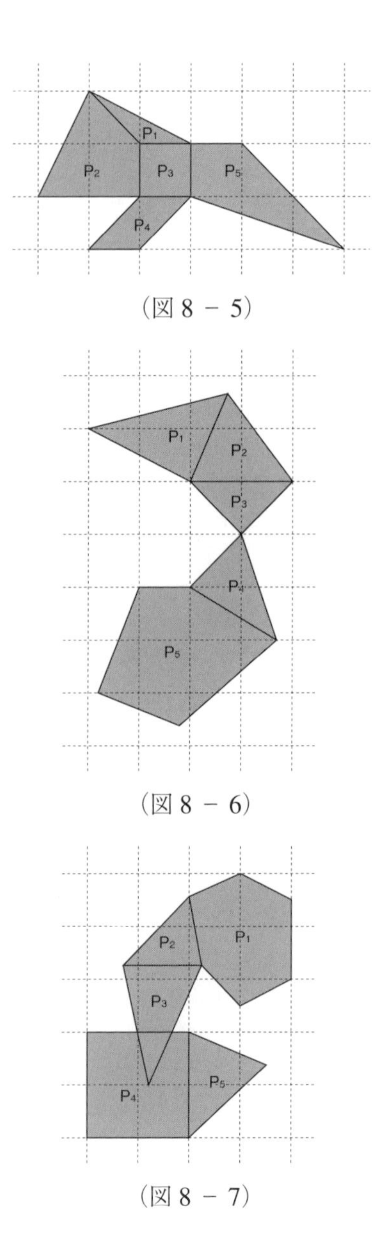

（図 8 － 5）

（図 8 － 6）

（図 8 － 7）

凸多角形の貼り合せ $\Gamma = \{P_1, P_2, \ldots, P_s\}$ があったとき、それぞれの P_i

を Γ の面、それぞれの P_i の辺を Γ の辺、それぞれの P_i の頂点を Γ の頂点と呼ぶ。たとえば、（図8 − 5）の貼り合せ $\Gamma = \{P_1, P_2, P_3, P_4, P_5\}$ は、5個の面、14個の辺、10個の頂点を持つ。

補題　凸多角形の貼り合せ Γ の面の個数を f、辺の個数を e、頂点の個数を v とすると、等式 $v-e+f=1$ が成立する。

［証明］（**第1段**）(*)凸多角形の貼り合せ $\Gamma = \{P_1, P_2, P_3, \ldots\}$ があったとき、たとえば、P_1 が三角形でないならば、P_1 に一本の対角線を引いて、P_1 を Q_1 と Q_2 に分解して、凸多角形の貼り合せ $\Gamma' = \{Q_1, Q_2, P_2, P_3, \ldots\}$ を考える。（図8 − 8）参照。このとき、Γ' の面の個数を f'、辺の個数を e'、頂点の個数を v' とすると、$f'=f+1, e'=e+1, v'=v$ であるから、$v'-e'+f'=v-e+f$ である。すると、凸多角形の貼り合せ Γ' について、等式 $v'-e'+f'=1$ を示せばよい。

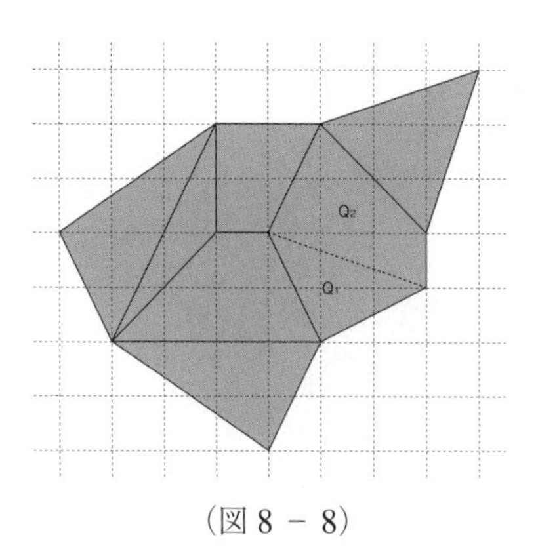

（図8 − 8）

(*) この証明における第1段、第2段、第3段、第4段の意味は、一筆書きの定理（103ページ）の証明における第1段、第2段とは本質的に異なる。一筆書きの定理の証明では場合を分けることが必要だったから、第1段、第2段に区切って記載した。だから第1段と第2段は独立しており、たとえば第2段を読むときには第1段の内容を忘れてもいい。しかし、ここでは証明が長いので、そのステップを第1段、第2段、第3段、第4段としている。たとえるならば、駅伝の第1走者、第2走者、第3走者、第4走者に似ている。だから第1段が理解できなければ第2段以降に進むことはできないし、第1段が理解できても第2段が理解できなければ第3段に進むことはできない。

（第 2 段）凸多角形は対角線によって三角形に分割できる。すると、凸多角形の貼り合せ $\Gamma = \{P_1, P_2, P_3, \ldots\}$ において、（第 1 段）の操作を繰り返し使うと、Γ の任意の面 P_i が三角形のときに、等式 $v-e+f=1$ を示せばよい。

凸多角形の貼り合せ $\Gamma = \{P_1, P_2, P_3, \ldots\}$ において、任意の面 P_i が三角形であるとき、Γ を三角形の貼り合せと言う。

（第 3 段）面の個数が 2 個以上の三角形の貼り合せ Γ があったとき、Γ の面で、その辺のうち少なくとも一つが多角形 $|\Gamma|$ の境界に含まれるものを任意に選ぶ。その面である三角形を P とし、その頂点を A, B, C とする。ここで 3 通りの可能性があるから（あ）、（い）、（う）に場合を分ける。

（あ）まず、P の二つの辺（たとえば、辺 AB と辺 BC）が $|\Gamma|$ の境界に含まれるとする。（図 8 − 9）参照。このとき、多角形 $|\Gamma|$ から三角形 P を取り除いて、線分 CA を添付した平面図形は多角形である。すると、Γ から P を除去した集合 Γ' も三角形の貼り合せである。

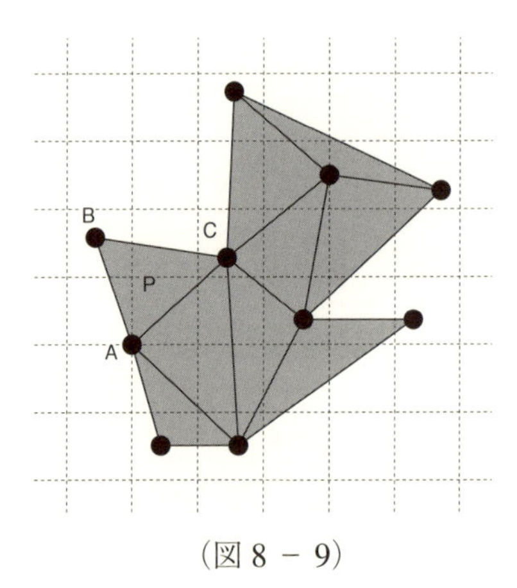

（図 8 − 9）

（い）次に、P の唯一の辺（たとえば、辺 AB）が $|\Gamma|$ の境界に含まれ、その辺の端点以外の頂点（すなわち、頂点 C）は $|\Gamma|$ の境界に含まれないとする。（図 8 − 10）参照。このとき、多角形 $|\Gamma|$ から三角形 P を

取り除いて、線分 BC と線分 AC を添付した平面図形は多角形である。すると、Γ から P を除去した集合 Γ' も三角形の貼り合せである。

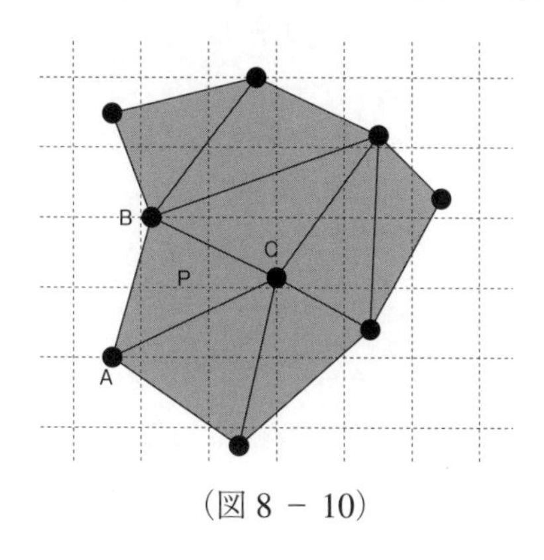

（図 8 － 10）

（う）他方、P の唯一の辺（たとえば、辺 AB）が $|\ \Gamma\ |$ の境界に含まれるとともに、その辺の端点以外の頂点（すなわち、頂点 C）も $|\ \Gamma\ |$ の境界に含まれるとする。（図 8 － 11）参照。このとき、辺 BC に関して P と反対側に位置する Γ の面の全体を Γ_1 とし、また、辺 CA に関して P と反対側に位置する Γ の面の全体を Γ_2 とする。（図 8 － 11）において、淡い網掛け　を付した三角形が Γ_1 に含まれ、濃い網掛け　を付した三角形が Γ_2 に含まれる。このとき、Γ_1 と Γ_2 は両者とも三角形の貼り合せである。

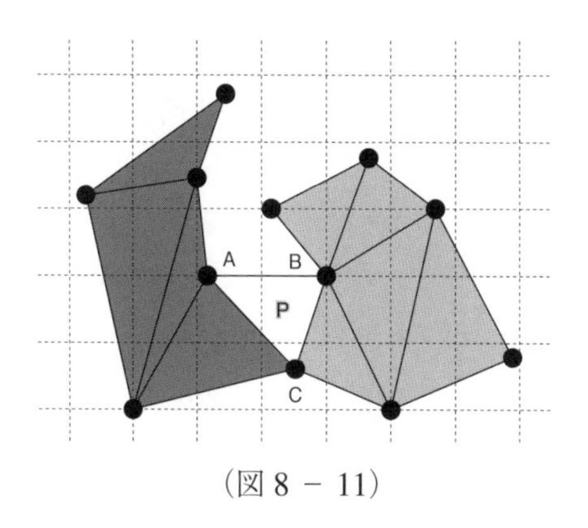

（図 8 － 11）

（第 4 段） いま、（第 3 段）の（あ）と（い）において、三角形の貼り合せ Γ' の面の個数を f'、辺の個数を e'、頂点の個数を v' とすると、（あ）のときは、$f' = f-1, e' = e-2, v' = v-1$ であるから、$v' - e' + f' = v - e + f$ であり、（い）のときは、$f' = f-1, e' = e-1, v' = v$ であるから、$v' - e' + f' = v - e + f$ である。すると、三角形の貼り合せ Γ の面の個数に関する数学的帰納法を使うと、帰納法の仮定から、$v' - e' + f' = 1$ である。すると、$v - e + f = 1$ となって望む等式が得られる［注意：面の個数 $f = 1$ のときは、$e = 3$、$v = 3$ となり、$v - e + f = 1$ である］。

他方、（第 3 段）の（う）で、三角形の貼り合せ Γ_1 の面の個数を f_1、辺の個数を e_1、頂点の個数を v_1 とし、Γ_2 の面の個数を f_2、辺の個数を e_2、頂点の個数を v_2 とすると、

$$f = f_1 + f_2 + 1,\ e = e_1 + e_2 + 1,\ v = v_1 + v_2 - 1$$

である。再び、面の個数に関する数学的帰納法を使うと、帰納法の仮定から、$v_1 - e_1 + f_1 = 1,\ v_2 - e_2 + f_2 = 1$ である。従って、等式 $v - e + f = 1$ が得られる。（証明終）

§ 2.　凸多面体

空間において、立方体、直方体、三角柱、四角錐などのように、凸多角形が貼り合さって作られた角張った図形が凸多面体である。もうちょっと厳密に定義しよう。空間において、任意の平面を考え、その平面に含まれる凸多角形を、空間の凸多角形と定義する。凸集合の概念は空間の集合にも一般化できる。すなわち、空間の（空集合ではない）集合 A が凸集合であるとは、A に含まれる任意の点 a と b を結ぶ線分が A に含まれるときに言う。たとえば、空間における平面、直線、線分、球体などは凸集合であるが、球面は（内部が含まれないから）凸集合ではない。

空間において、有限個の凸多角形 $P_1, P_2, \ldots, P_s$ があって、条件

- $i \neq j$ のとき、$P_i \cap P_j$ が空集合でなければ、$P_i \cap P_j$ は P_i の辺または頂点であり、かつ P_j の辺または頂点である。
- $i \neq j$ のとき、P_i と P_j の両者を含む平面は存在しない。
- 和集合 $P_1 \cup P_2 \cup \cdots \cup P_n$ は閉じた曲面である。
- 凸多角形 $P_1, P_2, \ldots, P_s$ で囲まれた空間図形は凸集合である。

を満たすとき、これらの凸多角形で囲まれた空間図形 $\mathscr{P}$ を凸多面体と呼ぶ。それぞれの凸多角形 P_i を $\mathscr{P}$ の面、それぞれの P_i の辺を $\mathscr{P}$ の辺、それぞれの P_i の頂点を $\mathscr{P}$ の頂点と呼ぶ。他方、和集合 $P_1 \cup P_2 \cup \cdots \cup P_n$ は $\mathscr{P}$ の境界と呼ばれる。

1752 年、オイラーは凸多面体の面の個数、辺の個数、頂点の個数に関する等式を発見した。このオイラーの公式は、その後、凸多面体の組合せ論の研究の源となった。

定理（オイラーの多面体定理）空間における凸多面体 $\mathscr{P}$ の面の個数を f、辺の個数を e、頂点の個数を v とすると、等式

$$v - e + f = 2$$

が成立する。

［証明］空間において凸多面体 $\mathscr{P}$ があったとき、$\mathscr{P}$ の任意の面 P を選んで $\mathscr{P}$ から面 P を除去し、凸多面体 $\mathscr{P}$ に穴をあける。但し、凸多面体 $\mathscr{P}$ の辺と頂点はそのままに残す。次に、凸多面体 $\mathscr{P}$ が弾性ゴムで作られていると仮定し、その穴の部分から $\mathscr{P}$ の境界を平面に広げる［たとえば、（図 8 − 12）は三角柱を、（図 8 − 13）は立方体を、（図 8 − 14）は八面体を平面に広げたものである］。すると、その平面において、凸多面体 $\mathscr{P}$ の（P を除く）面の全体の集合 Γ は凸多角形の貼り合せとなる。凸多角形の貼り

合せ Γ の面の個数は $f-1$、辺の個数は e、頂点の個数は v である。すると、115 ページの補題から $v-e+(f-1)=1$ が成立する。従って、等式 $v-e+f=2$ を得る。(証明終)

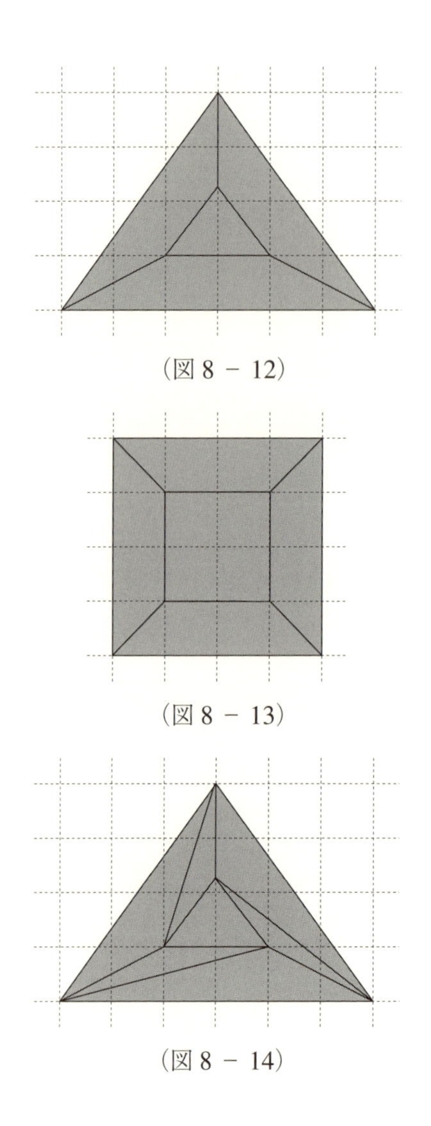

(図 8 － 12)

(図 8 － 13)

(図 8 － 14)

§3.　正多面体の分類

凸多面体 $\mathscr{P}$ の任意の面が合同な正多角形であって、しかも、それぞれの頂点に集まる辺の個数が等しいとき、$\mathscr{P}$ を正多面体と呼ぶ。正多面体の面の個数が f であるとき、正 f 面体と言う。

以下、オイラーの公式を使って、正多面体が正四面体、正六面体、正八多面体、正十二面体、正二十面体に限る、という有名な結果を証明する。

いま、正 f 面体 $\mathscr{P}$ の面が正 n 角形、それぞれの頂点に集まる辺の個数を m 個とする。それぞれの面に辺は n 本あり、一つの辺は二つの面に含まれるから、$\mathscr{P}$ の辺の個数 e は $\frac{nf}{2}$ である。他方、それぞれの頂点に m 本の辺が集まり、一つの辺は二つの頂点に集まるから、頂点の個数が v ならば、辺の個数は $\frac{mv}{2}$ である。すなわち、

$$\frac{nf}{2} = \frac{mv}{2} = e$$

である。すると、

$$v = \frac{n}{m}f, \quad e = \frac{n}{2}f$$

であるから、これらをオイラーの公式 $v - e + f = 2$ に代入すると、

$$(*) \qquad \frac{n}{m}f - \frac{n}{2}f + f = 2$$

となる。

すると、（∗）を満たす整数の組 (n, m, f) をすべて探せばよい。但し、$n \geqq 3,\ m \geqq 3,\ f \geqq 4$ である。こうなれば、受験数学の整数問題である。華麗（エレガント）な解法と素朴な解法を示そう。

［華麗な解法］等式（∗）を

$$f\left(\frac{n}{m}-\frac{n}{2}+1\right)=2$$
$$\frac{f(2n-mn+2m)}{2m}=2$$
$$f(2n-mn+2m)=4m$$
$$f\{4-(n-2)(m-2)\}=4m$$

と変型する。いま、f と $4m$ は両者とも正であるから、

$$4-(n-2)(m-2)>0$$

となる。すると、

$$(n-2)(m-2)<4$$

である。 ここで、$n \geqq 3,\ m \geqq 3$ に注意すると、$n-2>0,\ m-2>0$ である。従って、正の整数の組 $(n-2,\ m-2)$ は $(1, 1)$、$(1, 2)$、$(2, 1)$、$(1, 3)$、$(3, 1)$ である。すると、整数の組 $(n,\ m)$ は $(3, 3)$、$(3, 4)$、$(4, 3)$、$(3, 5)$、$(5, 3)$ となる。これより、整数の組 $(n,\ m,\ f)$ は $(3, 3, 4)$、$(3, 4, 8)$、$(4, 3, 6)$、$(3, 5, 20)$、$(5, 3, 12)$ となる。

［素朴な解法］等式（＊）を

$$f\left(\frac{n}{m}-\frac{n}{2}+1\right)=2$$

と変型する。いま、$f \geqq 4$ であるから、

（＃）
$$\frac{n}{m}-\frac{n}{2}+1>0$$

である。他方、$m \geqq 3$ であるから、$\frac{n}{m} \leqq \frac{n}{3}$ である。従って、

$$\frac{n}{3}-\frac{n}{2}+1>0$$

である。換言すると、$\frac{n}{6}<1$ である。これより、$n=3, 4, 5$ となる。

(i) $n=3$ ならば（#）から $\frac{3}{m}>\frac{1}{2}$ となり、$m=3, 4, 5$ である。

(ii) $n=4$ ならば（#）から $\frac{4}{m}>1$ となり、$m=3$ である。

(iii) $n=5$ ならば（#）から $\frac{5}{m}>\frac{3}{2}$ となり、$m=3$ である。

すると、整数の組 (n, m) は $(3, 3)$、$(3, 4)$、$(4, 3)$、$(3, 5)$、$(5, 3)$ となる。これより、整数の組 (n, m, f) は $(3, 3, 4)$、$(3, 4, 8)$、$(4, 3, 6)$、$(3, 5, 20)$、$(5, 3, 12)$ となる。

以上の結果、下記の表が得られる。

	n	m	v	e	f
正四面体	3	3	4	6	4
正八面体	3	4	6	12	8
正二十面体	3	5	12	30	20
正六面体	4	3	8	12	6
正十二面体	5	3	20	30	12

（表 8 － 1）

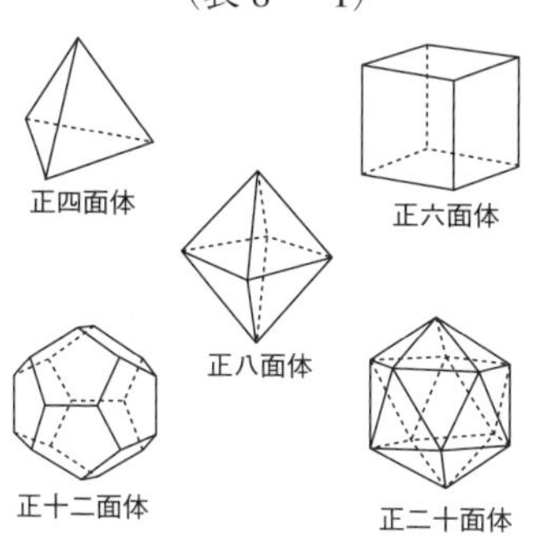

（図 8 － 15）

正多面体が 5 種類に限ることを幾何学的に証明することも、もちろん可能であるが、オイラーの多面体定理を使って、方程式（＊）の整数解を求める問題に帰着させるところはなかなか面白い。華麗な解法の華麗さは $2n-mn+2m$ を $4-(n-2)(m-2)$ に変型するアイデアである。この式変型に気が付けば一瞬にして方程式（＊）の整数解が求まる。

筆者が受験生であった頃は、整数問題は大学入試問題の花形であった。整数問題は、定石と呼ばれるテクニックもなく、アイデアが勝負の問題である。大昔の大学入試問題を紹介しよう。

問題８－１　6 桁の整数 $abcdef$ を適当に定めて、その 2 倍が $cdefab$ となるようにせよ。但し、a, b, c, d, e, f はいずれも 0 から 9 までの数字とし、$abcdef$ は通常の十進法による記法であった、整数

$$10^5a+10^4b+10^3c+10^2d+10e+f$$

を表す。

京都大学の 1957 年（昭和 32 年）の入試問題（の表現を少し改訂したもの）である。しかし、最近ならば、超難関中学の中学入試問題だと言っても、それほど違和感を感じない。少なくとも、6 桁を 4 桁にでもすれば、立派な中学入試問題になる。

整数 $abcdef$ の 2 倍が $cdefab$ となるのだから、

$$\begin{aligned}&2(10^5a+10^4b+10^3c+10^2d+10e+f)\\&\quad=10^5c+10^4d+10^3e+10^2f+10a+b\end{aligned}$$

である。いま、$10a+b=M,\ 10^3c+10^2d+10e+f=N$ と置くと、

$$2(10^4M+N)=10^2N+M$$

である。すると、

$$19999M = 98N$$

である。両辺を 7 で割ると［19999 が 7 の倍数であることを見抜くのは至難の業である］$2857M = 14N$ である。ここで、2857 が 7 で割り切れない奇数であることから、14 と 2857 は互いに素（最大公約数が 1）である。すると、$M = 14k,\ N = 2857k$ と置ける。但し、$k = 1,\ 2,\ 3, \ldots$ である。しかるに、$M < 100,\ N < 10000$ から、$k < 100/14 = 7.14\cdots$ であり、$k < 10000/2857 = 3.50\cdots$ であるから、$k = 1,\ 2,\ 3$ である。従って、$(M, N) = (14, 2857), (28, 5714), (42, 8571)$ であるから、求める 6 桁の整数は 142857, 285714, 428571 である。

余談ですが、中学入試問題ではその入試の西暦の 4 桁を使った計算問題などがしばしば出題される。だから、その西暦の素因数分解を知っておくことは重要である。たとえば、$2007 = 3^2 \times 223, 2009 = 7^2 \times 41$ などは面白い。実際、2007 年度、2009 年度の中学入試問題にそのような素因数分解を知っていると得になるような問題が出題されたのか否かを筆者は知らないけれど、『中学への算数』（東京出版）などの入試直前の特集では、そのような西暦を扱う予想問題がしばしば掲載されている。

整数問題は、2012 年の新課程から、数学 A で扱われている。もっとも、既に、言っていることであるが、筆者の受験生の頃、整数問題は花形であったし、昨今でも、花形であるし、今後も、花形であり続けるであろう。

数学 A で扱われている整数問題は、中学入試問題で扱う n 進法の話題も含まれているが、主役は、ユークリッド互除法である。特に、ユークリッド互除法を駆使し、整数係数の不定方程式 $ax + by = 1$ のすべての整数解を求める問題は面白い。数学 A の教科書には、「互除法の計算から、整数 a と b が互いに素なとき、$ax + by = 1$ を満たす整数 x と y が存在する」などと記載されているが、その事実を、背理法と数学的帰納法で証明しよう。

定理　整数 a と b が互いに素なとき、$ax+by=1$ を満たす整数 x と y が存在する。

［証明（背理法）］整数の全体を $\mathbf{Z}$ とし、その部分集合 M を

$$M=\{ax+by : x\in\mathbf{Z}, y\in\mathbf{Z}\}$$

と定義する。すると、$1\in M$ を示せばよい。いま、a と $-a$ は M に属するから、M には正の整数が属する。部分集合 M に属する正の整数で、最小のものを d とし、$d>1$ を仮定する。整数 a と b は互いに素であるから、a と b の両者が d で割り切れることはない。そこで、a が d で割り切れないとし、a を d で割ったときの商を q とし、余りを r とする。すなわち、$a=dq+r$ である。但し、q と r は整数であり、$0<r<d$ である。整数 d は M に属するから、$d=ax_0+by_0$ となる整数 x_0 と y_0 が存在する。すると、

$$r=a-dq=a-(ax_0+by_0)q=a(1-x_0q)+b\cdot(-y_0q)$$

となる。従って、$r\in M$ となる。ところが、$0<r<d$ であるから、これは、d の最小性に矛盾する。（証明終）

［証明（数学的帰納法）］まず、$0<a<b$ としてよい。いま、b を a で割った商を q とし、余りを r とする。すると、a と b が互いに素であることから、$0<r<a$ である。従って、

$$ax+by=ax+(aq+r)y=a(x+qy)+ry \cdots\cdots (*)$$

となる。このとき、a と r は互いに素であることと、$a+r<a+b$ であることから、数学的帰納法の仮定により

$$ax_1+ry_1=1$$

となる整数 x_1 と y_1 が存在する。すると、$y=y_1$, $x=x_1-qy_1$ と置けば、等

式 $(*)$ から $ax+by=1$ となる。（証明終）

背理法による証明の d を選ぶところは、問題5－8の背理法の k を選ぶことと類似のテクニックであり、大学の数学で背理法を使うときの常套手段である。数学的帰納法による証明では、$a+r<a+b$ から、数学的帰納法の仮定が使えること、すなわち、$a+b$ に関する数学的帰納法を使っていることに注意しよう。なんとも巧妙な証明である。

問題8－2　整数 a と b は互いに素であるとする。数列 $\{a_n\}_{n=1}^{\infty}$ が

$$a_1=a,\ a_2=b$$

と漸化式

$$a_{n+2}=a_{n+1}+a_n,\ \ n=1,2,\ldots$$

を満たすとき、任意の整数 $k\geq 1$ について、a_k と a_{k+1} は互いに素であることを示せ。

[解答例]　いま、a_k と a_{k+1} が互いに素でないような k が存在したと仮定し、整数 $q>1$ が a_k と a_{k+1} を割り切るとせよ。すると、$a_{k-1}=a_{k+1}-a_k$ だから、a_{k-1} も q で割り切れ、a_{k-1} と a_k も互いに素でない。この操作を続けると、a_1 と a_2 も q で割り切れ、互いに素でないこととなり、整数 a と b が互いに素であることに矛盾する

整数 a と b が、両者とも、1であれば、フィボナッチ数列である。フィボナッチ数列に深入りすることは危険（？）であるから、本著では触れない。指導要領の範囲外ではあるが、3項間漸化式の一般項を n の式で表すことは、受験生には周知であろう。われわれが受験生の頃は、漸化式は頻出し、しかしながら、うまくまとまっている参考書がなかったから、矢野健太郎（監修）の「モノグラフ」（フォーラムA企画）のシリーズの『漸化式』（宮

原繁・著）を勉強した記憶がある。

フィボナッチ数列を係数とする無限級数

$$1 + a_1x + a_2x^2 + a_3x^3 + \cdots$$

が収束するような 0 でない実数 x が存在することを示すことは、受験生にはできるのであろうか。大学院の入試問題ならば、「フィボナッチ数列を係数とする無限級数の収束範囲を求めよ」という問題を出題することもできるだろう。

純粋な整数問題とは言えないが、二項係数の問題を紹介しよう。高校数学の二項係数 ${}_n\mathrm{C}_r$ は、組合せ論の論文などでは $\binom{n}{r}$ と表記する。

問題 8 − 3　正の整数 a と j がある。このとき、等式

$$a = \binom{a_j}{j} + \binom{a_{j-1}}{j-1} + \cdots + \binom{a_k}{k}$$

を満たす正の整数 $a_j > a_{j-1} > \cdots > a_k \geq k \geq 1$ が一意的に存在する。これを示せ。

問題 8 − 2 は、数え上げ組合せ論と呼ばれる研究分野の、古典的な補題である。いかにも数学の文章の体裁であり、入試問題の表現としては不適切であろう。けれども、高校数学の二項係数の簡単な知識だけですんなりと解答することができる。たとえば、$j = 4, a = 48$ とすると、

$$48 = \binom{7}{4} + \binom{5}{3} + \binom{3}{2}$$

となるから、$k = 2$ であり、$a_4 = 7, a_3 = 5, a_2 = 3$ である。

[解答例]　（存在）まず、$j = 1$ のときは、$k = 1, a_1 = a$ とすればよい。そこで、$j > 1$ とする。不等式 $a \geq \binom{q}{j}$ を満たす整数 $q \geq j$ のなかで最大

のものを a_j とする。もし、$a=\binom{a_j}{j}$ ならば、$k=j$ とすればよい。他方、$a>\binom{a_j}{j}$ ならば、正の整数 $a-\binom{a_j}{j}$ と $j-1$ を考え、j に関する数学的帰納法を使うと、

$$a-\binom{a_j}{j}=\binom{a_{j-1}}{j-1}+\cdots+\binom{a_k}{k}$$

となる $a_{j-1}>\cdots>a_k\geq k\geq 1$ が存在する。以下、$a_j>a_{j-1}$ を示す。仮に、$a_j\leq a_{j-1}$ とすると、

$$\binom{a_j}{j}+\binom{a_{j-1}}{j-1}\geq\binom{a_j}{j}+\binom{a_j}{j-1}=\binom{a_j+1}{j}$$

となり、a_j の最大性に矛盾する。

（一意性） いま、

$$a=\binom{a_j}{j}+\binom{a_{j-1}}{j-1}+\cdots+\binom{a_k}{k}$$

なる表示とともに、

$$a=\binom{b_j}{j}+\binom{b_{j-1}}{j-1}+\cdots+\binom{b_\ell}{\ell}$$

となる表示が存在したとする。但し、$b_j>b_{j-1}>\cdots>b_\ell\geq\ell\geq 1$ である。仮に、$a_j>b_j$ とする。いま、

$$\begin{aligned}a&=\binom{b_j}{j}+\binom{b_{j-1}}{j-1}+\cdots+\binom{b_\ell}{\ell}\\&\leq\binom{b_j}{j}+\binom{b_j-1}{j-1}+\cdots+\binom{b_j-j+\ell}{\ell}+\cdots+\binom{b_j-j+1}{1}\end{aligned}$$

である。一般に、$p\geq q$ のとき

$$\binom{p+1}{q}=\binom{p}{q}+\binom{p}{q-1}$$

$$
\begin{aligned}
&= \binom{p}{q} + \binom{p-1}{q-1} + \binom{p-1}{q-2} \\
&= \binom{p}{q} + \binom{p-1}{q-1} + \binom{p-2}{q-2} + \binom{p-2}{q-3}
\end{aligned}
$$

の操作を繰り返すと

$$
\binom{p+1}{q} = \binom{p}{q} + \binom{p-1}{q-1} + \cdots + \binom{p-q+2}{2} + \binom{p-q+2}{1}
$$

となるから

$$
\binom{p+1}{q} - 1 = \binom{p}{q} + \binom{p-1}{q-1} + \cdots + \binom{p-q+2}{2} + \binom{p-q+1}{1}
$$

である。従って、

$$
a \leq \binom{b_j+1}{j} - 1 < \binom{a_j}{j}
$$

となり、矛盾である。すると、$a_j = b_j$ であるから、残るは、$a - \binom{a_j}{j} = a - \binom{b_j}{j}$ と $j-1$ を考え、j に関する数学的帰納法を使えばよい。

受験生には難問である。二項係数の周知の公式

$$
\binom{n+1}{i} = \binom{n}{i} + \binom{n}{i-1}
$$

を使うだけであるが、この類の組合せ論の結果を証明することは、骨が折れる。

整数問題の話を続けよう。

問題 8 − 4 整数 a, b, c, d と x, y, z, w がある。等式

$$
ax + bz = 1,\ ay + bw = 0,\ cx + dz = 0,\ cy + dw = 1
$$

が成立するならば、

$$|ad-bc|=|xw-yz|=1$$

が成立する。これを示せ。

問題8－4は、大学で学ぶ「線型代数」の行列式のきわめて簡単な練習問題である。単なる（つまらない？）計算問題と言えば、まぁ、そうであるけれども、しかしながら、問題8－4は、第9章で紹介するピックの公式の補題9－1の別証（147ページ）のポイントである。数学Bのベクトルの言葉を拝借するならば、問題8－4は、整数を成分とするベクトル $(a,c),(b,d)$ があるとき、単位ベクトル $(1,0),(0,1)$ を

$$x(a,c)+z(b,d)=(1,0),\ \ y(a,c)+w(b,d)=(0,1)$$

と表すような整数 x,y,z,w が存在するとき、$|ad-bc|=|xw-yz|=1$ が成立することを示す問題である。

[解答例]　一般に、整数 p と q があって、$pq=1$ ならば、$|p|=|q|=1$ である。すると

$$(ad-bc)(xw-yz)=1$$

を示せばよい。与えられた条件

$$ax+bz=1,\ ay+bw=0,\ cx+dz=0,\ cy+dw=1$$

から

$$(ax+bz)(cy+dw)=1,\ \ (cx+dz)(ay+bw)=0$$

である。これらを展開し、第1式から第2式を引くと

$$adxw-adyz-bcxw+bcyz=1$$

となる。すると、$(ad-bc)(xw-yz)=1$ が従う。

問題８－５　実数を係数とする x の多項式 $f(x)$ が、性質「任意の整数 k について、$f(k)$ は整数である」を持つためには、$f(0)$ が整数であって、しかも、任意の整数 k について、$f(k)-f(k-1)$ が整数となることが必要十分条件である。これを示せ。

京都大学は、問題８－５に関連する入試問題を、1978 年（文系）と 1988 年（文系（B））で出題している。1988 年の文系（B）の受験生は、1978 年の過去問をやっているか否かで大きな差となったであろう。問題８－５は、そのままの内容で、1978 年（文系）の第 5 問の（1）として出題されている。余談であるが、1978 年の京都大学の入試問題の数学は、文系、理系とも、6 題が出題され、そのうち、4 題が文理共通である。

［解答例］　任意の整数 k について、$f(k)$ が整数であるならば、$f(0), f(k), f(k-1)$ は整数であるから、特に、$f(k)-f(k-1)$ も整数である。すると、必要条件であることは自明である。十分条件であることを示そう。いま、整数 k が正の整数であるならば、

$$f(k)=(f(k)-f(k-1))+(f(k-1)-f(k-2))+\cdots+(f(1)-f(0))+f(0)$$

から、$f(k)$ は整数である。整数 k が負の整数であるならば、

$$f(k)=f(0)-(f(0)-f(-1))-(f(-1)-f(-2))-\cdots-(f(k+1)-f(k))$$

から、$f(k)$ は整数である。

多項式に関連する整数問題を、もう一つ考える。問題８－６は、$d=3$ のとき、京都大学（1991 年後期理系）が出題している。しかしながら、$d=3$ としても、一般の d と、それほどの違いはないだろう。

問題８－６　整数を係数とする d 次（但し、$d \geq 1$）の多項式 $f(x)$ が条件

「任意の正の整数 n に対し $f(n)$ は $n(n+1)(n+2)\cdots(n+d-1)$ で割り切れる」を満たすならば、

$$f(x)=ax(x+1)(x+2)\cdots(x+d-1)$$

となる整数 a が存在する。これを示せ。

[解答例]　多項式 $f(x)$ の x^n の係数を a とする。すると、a は整数である。多項式 $f(x)$ は d 次式であるから、$f(x)$ を $x(x+1)(x+2)\cdots(x+d-1)$ で割った商は a となり、余り $g(x)$ の次数は $d-1$ を越えない。仮定より $f(n)$ は n に関する d 次の多項式 $n(n+1)(n+2)\cdots(n+d-1)$ で割り切れる。すると、$g(n)$ も $n(n+1)(n+2)\cdots(n+d-1)$ で割り切れる。特に、

$$P(n)=\frac{g(n)}{n(n+1)(n+2)\cdots(n+d-1)}$$

は整数である。いま、$g(x)\neq 0$ とすると、$p(n)$ の分子の n に関する次数は $d-1$ を越えず、分母の次数は d であるから、十分大きな n を選ぶと $0<|P(n)|<1$ となる。これは、$P(n)$ が整数であることに矛盾する。従って、$g(x)=0$ であるから、$f(x)=ax(x+1)(x+2)\cdots(x+d-1)$ である。

第9章 ピックの公式

第9章と第10章ではピックの公式と呼ばれる平面の多角形の面積に関する公式を紹介し、それを証明する。ピックの公式そのものは小学生でも理解できるが、その証明は数学的帰納法とちょっと煩雑な計算を使う。

平面（座標平面、あるいは xy 平面）上の点が格子点であるとは、その点の x 座標と y 座標の両者が整数であるときに言う。

平面上の（凸多角形とは限らない）多角形(*)が格子多角形であるとは、その多角形のすべての頂点が格子点であるときに言う。たとえば、（図9－1）と（図9－2）の多角形はいずれも格子多角形である。格子多角形の面積は小学生の算数の知識でも計算できる。

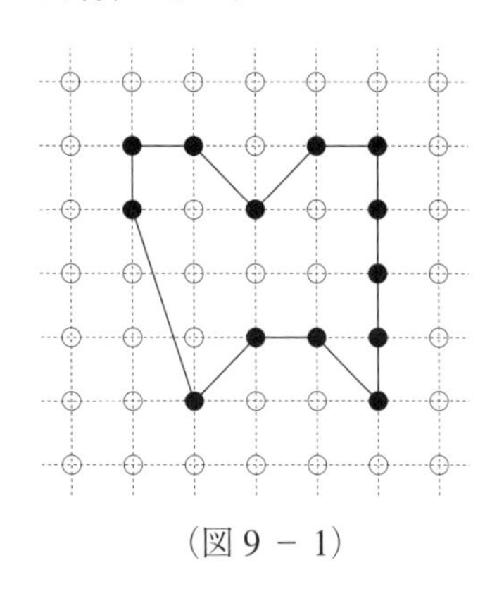

（図9－1）

(*) 平面上の多角形、その境界と内部などの定義は第8章を参照のこと。

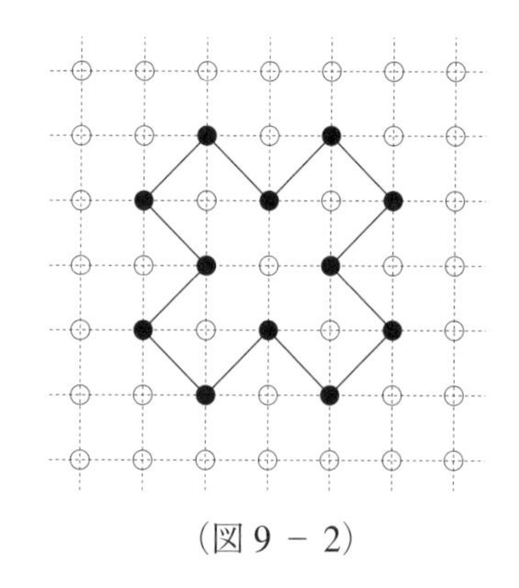

（図 9 − 2）

ピックの公式とは、格子多角形の面積を、その格子多角形の境界と内部に含まれる格子点の個数を数えると計算できる、ということを主張する美しい公式である。ピック（Georg Alexander Pick）はオーストリアの数学者。ピックの公式は 1899 年に発表された。

定理（ピックの公式）平面上の格子多角形 P の内部に含まれる格子点の個数を a とし、P の境界に含まれる格子点の個数を b とする。このとき、P の面積 S は

$$S = a + \frac{b}{2} - 1$$

と表される。

どうでしょうか。公式だけなら面積の定義と分数の計算の知識があれば小学生でも理解できますね。もちろん、面積を計算するだけならば、算数を使うのが便利であることに疑いの余地はありませんが、理論的な面白さは抜群でしょう。（図 9 − 1）と（図 9 − 2）の格子多角形を使って、ピックの公式を確認しましょう。

まず、（図 9 − 1）の格子多角形の面積は $S = \frac{23}{2}$ である。内部の格子点は

白丸○だから、その個数は $a=6$ である。境界の格子点は黒丸●だから、その個数は $b=13$ である。すると、$S=a+\frac{b}{2}-1$ が成立する。他方、（図9 − 2）の格子多角形では、$S=10$、$a=5$、$b=12$ だから、$S=a+\frac{b}{2}-1$ である。

平面上の格子三角形とは、もちろん、3個の頂点が格子点である三角形のことである。格子三角形がその内部および境界に頂点以外の格子点を含まないとき、基本三角形と呼ぶ。たとえば、（図9 − 3）の格子三角形は、いずれも基本三角形である。ピックの補題を証明する方針は、格子多角形を基本三角形に“分解”することである。

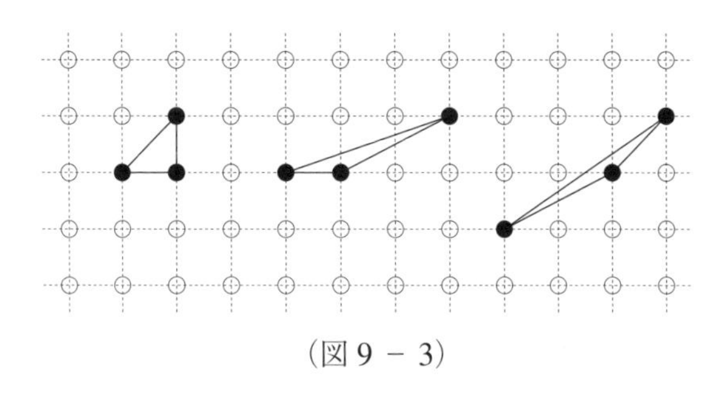

（図9 − 3）

いま、（図9 − 3）の基本三角形の面積を小学生の面積の算数を使って計算すると、どれも $\frac{1}{2}$ である。実際、

補題9 − 1　基本三角形の面積は $\frac{1}{2}$ である。

補題9 − 1は平面上の格子三角形の顕著な特質である。空間の格子四面体では状況は全く異なる。

空間（xyz 空間）の点は、その x 座標、y 座標、z 座標がすべて整数であるとき、格子点と呼ばれる。格子四面体とは、空間の四面体で、その4個の頂点がすべて格子点であるときに言う。格子四面体がその内部および境界に頂点以外に格子点を含まないとき、基本四面体と呼ぶ。

たとえば、$(0, 0, 0)$, $(1, 0, 0)$, $(0, 1, 0)$, $(0, 0, 1)$ を頂点とする格子四

面体は基本四面体である。他方、(0, 0, 0), (1, 1, 0), (1, 0, 1), (0, 1, 1) を頂点とする格子四面体も基本四面体である。しかし、前者の基本四面体の体積は $\frac{1}{6}$ であるが、後者の基本四面体の体積は $\frac{1}{3}$ である。<u>もっと一般に、n を正の整数とするとき、格子点 (0, 0, 0), (1, 1, 0), (1, 0, 1), (0, 1, n) を頂点とする格子四面体は基本四面体であって、その体積は $\frac{n+1}{6}$ である</u> [下線部分を証明することは、空間図形と数列の計算の演習問題の一つである。受験生の皆様は興味があれば挑戦してください]。従って、体積がどれだけでも大きいような基本四面体が存在する。

一般に、凸多角形の貼り合せ[*] があったとき、それに付随する多角形の面積は、その貼り合せの面の面積の和である。すると、ピックの公式を証明するには、補題９－１と

補題９－２ 平面上の格子多角形 P の内部に含まれる格子点の個数を a とし、境界に含まれる格子点の個数を b とする。このとき、P は $2a+b-2$ 個の基本三角形を面とする凸多角形の貼り合せに付随する多角形である。

を示せばよい。補題９－２を具体的な格子多角形で実験する。

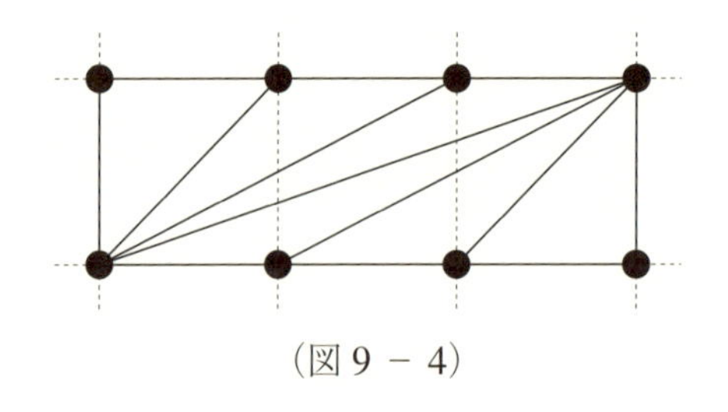

(図９－４)

[*] 凸多角形の貼り合せ、三角形の貼り合せ、貼り合せの面などの定義も第８章を参照のこと。

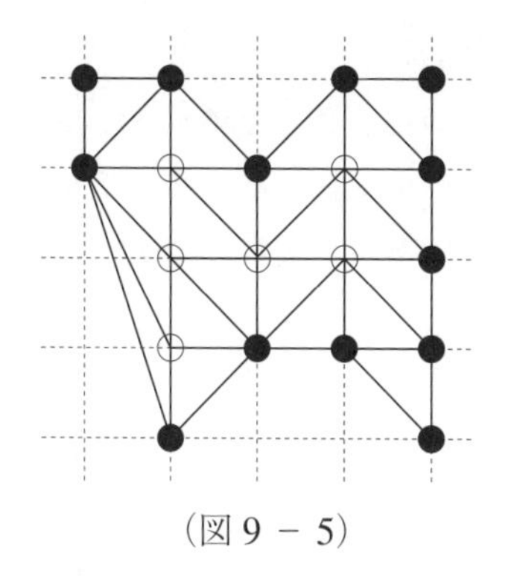

（図９－５）

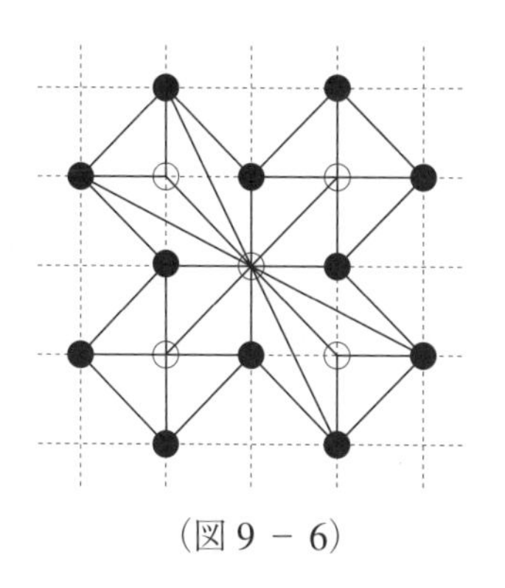

（図９－６）

第９章では、補題９－１の証明のみに専念する。補題９－２は、数学的帰納法を使い、第10章で証明する。両者ともいささか難解である。しかし、ピックの公式の証明をわかりやすく紹介している和書が（恐らく）ない（であろうと思う）ことと、ピックの公式は、その後、一般次元の凸多面体の組合せ論の展開に強い影響を及ぼしたという数学的な背景を考慮すると、万人が共有すべき数学の文化的な遺産の一つであるから、本著でその証明の全貌を詳しく解説することは十分な意義があるだろう。

それでは、補題９－１の証明に進む。

［（補題９－１の）証明］**（第１段）**座標軸に平行な辺を持つ格子長方形に

ついてピックの定理が成立することを示す。

座標軸に平行な辺を持つ格子長方形があったとき、それを水平方向と垂直方向に平行移動し、別の格子長方形に移しても、その内部と境界に含まれる格子点の個数は不変である。すると、そのような長方形の頂点の座標を $(0, 0)$, $(s, 0)$, $(0, t)$, (s, t) としてもよい。但し、s と t は正の整数である。すると、その長方形の面積 S は $S=st$ である。いま、その長方形の内部に含まれる格子点の個数 a は $a=(s-1)(t-1)$ である。他方、その長方形の境界の長さは $2(s+t)$ だから、境界に含まれる格子点の個数 b は $b=2(s+t)$ である［受験算数の池の周りの植木算である。植木算を知らなければ $b=2(s+1)+2(t+1)-4$ とやってもいいです］。たとえば、（図 9 − 7）は $s=5, t=3$ のときの境界と内部の格子点の状況である。すると、ピックの公式の右辺は

$$a+\frac{b}{2}-1=(s-1)(t-1)+(s+t)-1=st$$

となり、面積 S と一致する。

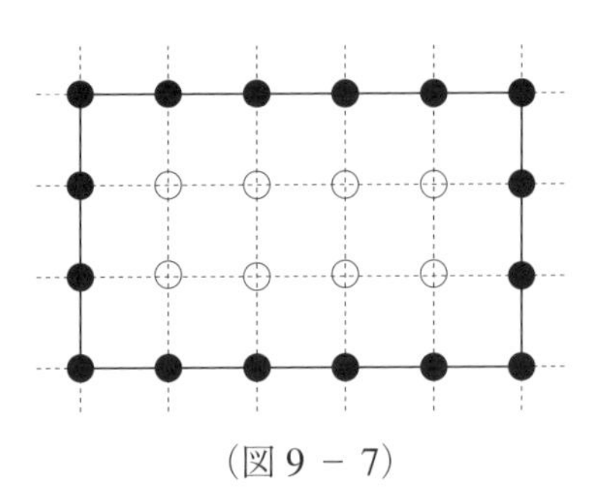

（図 9 − 7）

（第 2 段） 斜辺以外の辺が座標軸に平行である格子直角三角形についてピックの定理が成立することを示す。

斜辺以外の辺が座標軸に平行である格子直角三角形 P は、座標軸に平行な辺を持つ格子長方形 Q を一本の対角線 L で切り取ることで得られる。第 1 段の記号を踏襲（とうしゅう）し、長方形 Q の頂点の座標を $(0, 0)$, $(s, 0)$, $(0, t)$, (s, t)

とする。その対角線 L（但し、両端を除く）には何個の格子点が含まれているかを s と t で表示することは難しいから、ひとまず、その個数を q とする。すると、格子直角三角形 P の境界に含まれる格子点の個数は

$$b_0 = s + t + q + 1$$

である。他方、（図 9 － 8）を参考にすると、格子直角三角形 P の内部に含まれる格子点の個数を a_0 とすると、格子長方形 Q の内部に含まれる格子点の個数は $2a_0 + q$ である。（第 1 段）の計算結果から、Q の内部に含まれる格子点の個数は $(s-1)(t-1)$ であるから、

$$2a_0 + q = st - s - t + 1$$

が成立する。従って

$$a_0 = \frac{st - s - t + 1 - q}{2}$$

である。すると、ピックの公式の右辺 $a_0 + \frac{b_0}{2} - 1$ は

$$\frac{st - s - t + 1 - q}{2} + \frac{s + t + q + 1}{2} - 1 = \frac{st}{2}$$

となる。いま、格子直角三角形 P の面積 S は $S = \frac{st}{2}$ であるから、ピックの公式 $S = a_0 + \frac{b_0}{2} - 1$ が成立する。

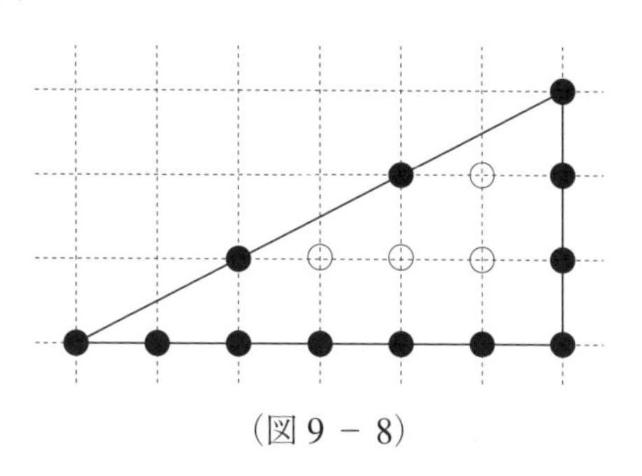

（図 9 － 8）

（第 3 段）便宜上、座標軸に平行な辺を持つ格子長方形を特殊格子長方形と呼び、斜辺以外の辺が座標軸に平行である格子直角三角形を特殊格子直角三角形と呼ぶ。いま、格子三角形 P があったとき、その頂点を $A(x_1, y_1)$, $B(x_2, y_2)$, $C(x_3, y_3)$ とし、$y_2 < y_1$, $y_2 \leqq y_3 \leqq y_1$, $x_2 \leqq x_1$ と仮定する。そのように仮定しても、一般性を失わない［一般性を失わない、という言葉は数学の独特の言い回しである。そのように仮定しても、特別な格子三角形を考えているのではない、ということである］。実際、A, B, C は三角形の頂点の座標であるから、$y_1 = y_2 = y_3$ となることはあり得ない。すると、y_1, y_2, y_3 の中で、もっとも小さいものの一つを y_2 とし、もっとも大きいものの一つを y_1 としてもよい。このとき、万が一、$x_1 < x_2$ となっているならば、格子三角形 P と y 軸に関して線対称となっている格子三角形 P' を考えればよい。

（α）$x_3 \leqq x_2$ あるいは $x_1 \leqq x_3$ の場合は 3 個以下の特殊格子直角三角形を P に貼り合せれば、特殊格子長方形にできる。（図 9 − 9）参照。

（β）$x_2 < x_3 < x_1$ の場合は 3 個以下の特殊格子直角三角形と 1 個以下の特殊格子長方形を P に貼り合せれば、特殊格子長方形にできる。（図 9 − 10）参照。

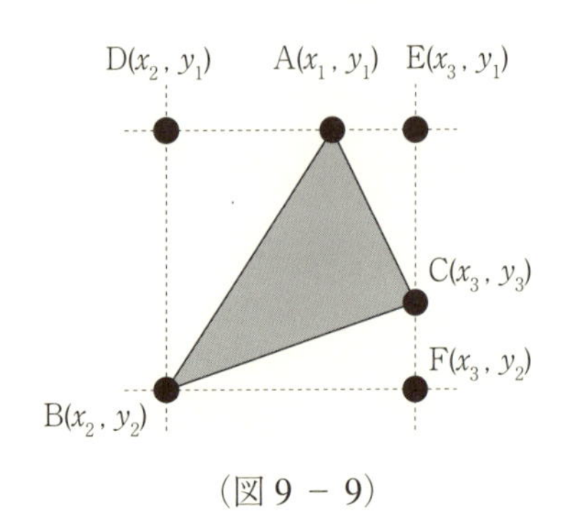

（図 9 − 9）

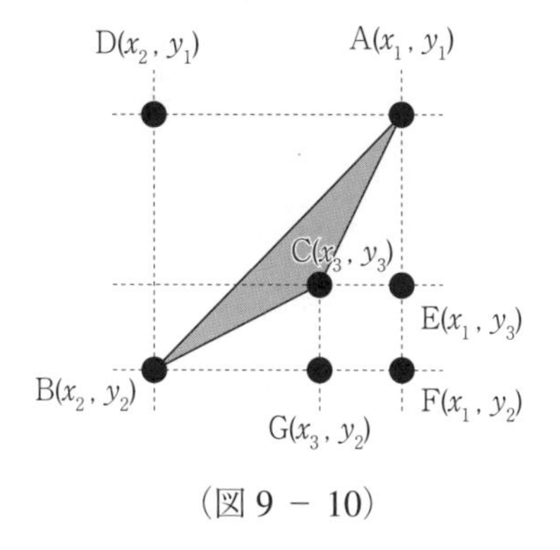

（図9 － 10）

（第4段）（第3段）の格子三角形 P が基本三角形である場合を議論する。

（a）の状況で $x_1 \leqq x_3$ のときを考える［もちろん、$x_3 \leqq x_2$ のときも同様の議論ができる］。いま、（図9 － 9）の記号を踏襲し、特殊格子長方形の頂点を B, D(x_2, y_1), E(x_3, y_1), F(x_3, y_2) とする。特殊格子直角三角形 ACE, BCF, ABD においてはピックの公式が成立することに注意し、基本三角形 ABC の面積が $\frac{1}{2}$ であることを導く。基本三角形 ABC の辺（両端を除く）および内部には格子点は存在しない。いま、特殊格子直角三角形 ACE, BCF, ABD の内部に含まれる格子点の個数を、それぞれ、a_1, a_2, a_3 とする。他方、特殊格子直角三角形 ACE, BCF, ABD の境界に含まれる格子点の個数を、それぞれ、b_1, b_2, b_3 とする。

すると、$a_1+a_2+a_3$ は特殊格子長方形 EFBD の内部に含まれる格子点の個数に一致するから、

$$a_1+a_2+a_3=(x_3-x_2-1)(y_1-y_2-1)$$

である。

他方、格子点 A, B, C を重複して数えていることに注意すると、$b_1+b_2+b_3$ は特殊格子長方形 EFBD の境界に含まれる格子点の個数に 3 を加えたものであるから、

$$b_1+b_2+b_3=2(x_3-x_2)+2(y_1-y_2)+3$$

である。

さて、（第2段）の結果から、特殊格子直角三角形についてはピックの公式が成立するから、特殊格子直角三角形 ACE, BCF, ABD の面積の和は

$$\begin{aligned}&(a_1+a_2+a_3)+\frac{b_1+b_2+b_3}{2}-3\\&=[(x_3-x_2)(y_1-y_2)-\{(x_3-x_2)+(y_1-y_2)\}+1]\\&\quad+\left\{(x_3-x_2)+(y_1-y_2)+\frac{3}{2}\right\}-3\\&=(x_3-x_2)(y_1-y_2)-\frac{1}{2}\end{aligned}$$

となる。他方、特殊格子長方形 EFBD の面積は $(x_3-x_2)(y_1-y_2)$ である。特殊格子長方形 EFBD の面積から特殊格子直角三角形 ACE, BCF, ABD の面積の和を引くと、基本三角形 ABC の面積であるから、基本三角形 ABC の面積は $\frac{1}{2}$ となる。

（β）の状況 $x_2<x_3<x_1$ のとき、（図 9 － 10）の記号を踏襲し、格子点 $D(x_2, y_1)$, $E(x_1, y_3)$, $F(x_1, y_2)$, $G(x_3, y_2)$ を考える。特殊格子直角三角形 ACE, BCG, ABD においてはピックの公式が成立することに注意し、基本三角形 ABC の面積が $\frac{1}{2}$ であることを導く。基本三角形 ABC の辺（両端を除く）および内部には格子点は存在しない。いま、特殊格子直角三角形 ACE, BCG, ABD の内部に含まれる格子点の個数を、それぞれ、a_1, a_2, a_3 とする。他方、特殊格子直角三角形 ACE, BCG, ABD の境界に含まれる格子点の個数を、それぞれ、b_1, b_2, b_3 とする。

すると、$a_1+a_2+a_3$ は特殊格子長方形 AFBD の内部に含まれる格子点の個数から、特殊格子長方形 CEFG から辺 EF と辺 FG を除去した部分に含まれる格子点の個数を引いたものに等しいから、

$$\begin{aligned}&a_1+a_2+a_3\\&=(x_1-x_2-1)(y_1-y_2-1)-(x_1-x_3)(y_3-y_2)\end{aligned}$$

である。

他方、格子点A, B, Cを重複して数えていることに注意すると、$b_1+b_2+b_3$は折れ線AECGBDAに含まれる格子点の個数に3を加えればよい。ところが、折れ線AECGBDAに含まれる格子点の個数は、特殊格子長方形AFBDの境界に含まれる格子点の個数に等しい。従って、

$$b_1+b_2+b_3=2(x_1-x_2)+2(y_1-y_2)+3$$

である。

再び、（第2段）の結果を使うと、特殊格子三角形ACE, BCG, ABDの面積の和は

$$(*)\qquad \begin{aligned}&(a_1+a_2+a_3)+\frac{b_1+b_2+b_3}{2}-3\\&=[(x_1-x_2)(y_1-y_2)-\{(x_1-x_2)+(y_1-y_2)\}+1]\\&\qquad -(x_1-x_3)(y_3-y_2)\\&\qquad\qquad +\left\{(x_1-x_2)+(y_1-y_2)+\frac{3}{2}\right\}-3\\&=(x_1-x_2)(y_1-y_2)-(x_1-x_3)(y_3-y_2)-\frac{1}{2}\end{aligned}$$

となる。他方、基本三角形ABCと特殊格子直角三角形ACE, BCG, ABDの面積の和は、特殊格子長方形AFBDと特殊格子長方形CEFGの面積の差

$$(\#)\qquad (x_1-x_2)(y_1-y_2)-(x_1-x_3)(y_3-y_2)$$

である。従って、（＊）の最後の式と（＃）から、基本三角形ABCの面積は$\frac{1}{2}$となる。（証明終）

やれやれ長い証明でしたね。しかし、それぞれのステップはそれほど難しくはありません。もっとも、（第4段）は計算がちょっと煩雑なよう思えますが、計算そのものは算数の範囲を逸脱しているものではありません。

既に、断ったが、補題９－２の証明は第10章に延期する。補題９－２の証明には、数学的帰納法を使う。けれども、厳密な証明をしなくとも、適当な格子多角形の図を使って説明すれば、何となくそうだなあと思える事実である。しかし、補題９－１の証明は誤摩化(ごまか)すことはできない。基本三角形を沢山描いて、その面積がすべて $\frac{1}{2}$ となることをチェックしても、納得できるとは到底思えない。

補題９－１に関連する入試問題が、京都大学（2000年後期文系）で出題されている。

問題９－３　xy 平面上の点で、x 座標、y 座標がともに整数である点を格子点という。

（1）格子点を頂点とする三角形の面積は $\dfrac{1}{2}$ 以上であることを示せ。

（2）格子点を頂点とする凸四角形の面積が１であるとき、この四角形は平行四辺形であることを示せ。

[解答例]　（1）格子点を頂点とする三角形の一つの頂点が原点に移るよう並行移動し、その三角形の頂点を $(0,0),(a,b),(c,d)$ とする。このとき、問題５－２でも使ったように、その三角形の面積は $\dfrac{1}{2}|ad-bc|$ である。ところが、a,b,c,d は整数であるから、$|ad-bc|\geq 1$ である。すると、その三角形の面積は $\dfrac{1}{2}$ 以上である。

（2）格子点を頂点とする凸四角形の一つの頂点が原点に移るよう平行移動し、その頂点を $\mathrm{O}(0,0), \mathrm{A}(a,b), \mathrm{B}(e,f), \mathrm{C}(c,d)$ とする。仮定より、凸四角形 OABC の面積が１であるから、$\triangle \mathrm{OAC}+\triangle \mathrm{ABC}=1$ である。ところが、（1）の結果より、$\triangle \mathrm{OAC}\geq\dfrac{1}{2}$ であり、$\triangle \mathrm{ABC}\geq\dfrac{1}{2}$ である。すると、$\triangle \mathrm{OAC}=\triangle \mathrm{ABC}=\dfrac{1}{2}$ である。

いま、頂点 $\mathrm{A}(a,b)$ と $\mathrm{C}(c,d)$ を固定し、$\mathrm{A}'(2a,2b)$ と $\mathrm{C}'(2c,2d)$ とする。更に、線分 $\mathrm{A}'\mathrm{C}'$ の中点を $\mathrm{D}(a+c,b+d)$ と置く。すると、$\triangle \mathrm{OA}'\mathrm{C}'$ は、$\triangle \mathrm{OAC}$

と合同な4個の三角形△OACと△ADCと△AA′Dと△CC′Dに分割され、△OA′C′の面積は2である。従って、△OA′C′は、O, A, C, A′, C′, D以外の格子点を含まない。実際、それら以外の格子点を含むならば、△OA′C′は、5個以上の、格子点を頂点とする三角形に分割されることになり、その面積は2を越える。

以下、頂点Bが頂点Dに一致することを示す。平行四辺形OADCは、頂点以外の格子点を含まないから、頂点Bが頂点Dに一致しなければ、頂点Bは、平行四辺形OADCの外部にある。ところが、四角形OABCは凸であるから、頂点Bは、半直線OAと半直線OCに囲まれた領域の内部に属する。これより、△ABCと△ADCは、底辺をACとするとき、△ABCの高さは△ADCを越える。従って、△ABCの面積は$\frac{1}{2}$を越えるから、平行四辺形OABCの面積は1を越えることとなり、矛盾である。すると、頂点Bは頂点Dと一致し、凸四角形OABCは平行四辺形である。

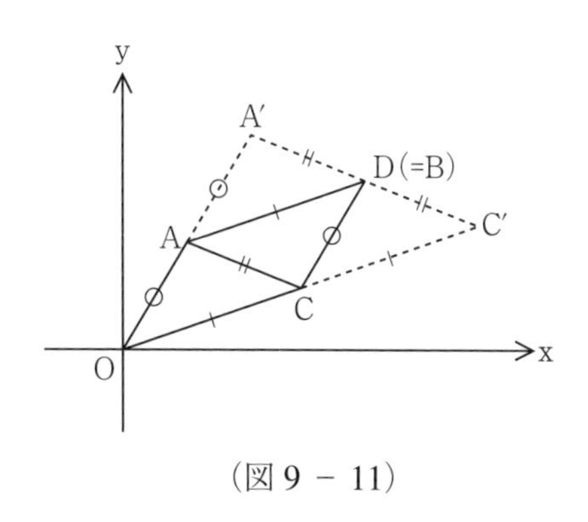

（図9－11）

補題9－1の証明（139ページ）は、きわめて初等的とはいうものの、もっと華麗な証明が望まれる。以下、問題8－4の結果を使う別証を紹介する

［補題9－1の別証］基本三角形の頂点の一つを原点Oに平行移動し、その頂点をO(0,0), A(a,b), B(c,d)とする。いま、△OABの原点に関する対

称な三角形を △ OA′B′ とし、更に、△ OA′B′ を平行移動し、頂点 A′ が B に、頂点 B′ が A に、それぞれ重なるようにしたとき、△ OA′B′ の原点 O が格子点 C に移るとする。すると、平行四辺形 OACB が得られる。このとき、△ OAB が基本三角形であることから、△ OA′B′ と △ ABC は、両者とも、基本三角形である。すると、平行四辺形 OACB は、頂点以外の格子点を含まない

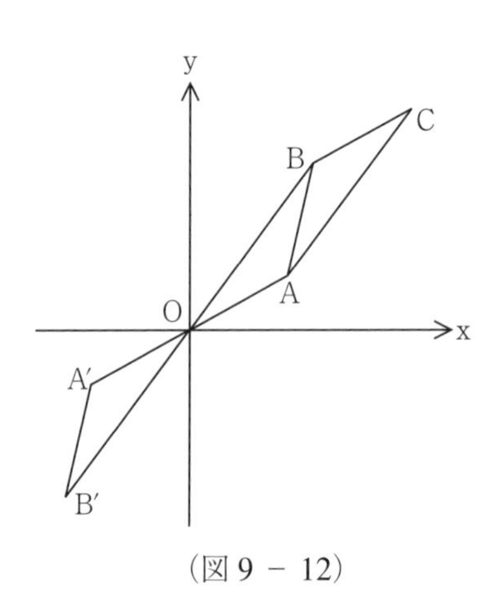

(図 9 − 12)

任意の整数 p と q について、頂点を

$$p(a,b)+q(c,d),\ \ p(a,b)+q(c,d)+(a,b),$$
$$p(a,b)+q(c,d)+(c,d),\ \ p(a,b)+q(c,d)+(a+c,b+d)$$

とする格子平行四辺形 $L_{(p,q)}$ を考える。すると、格子平行四辺形 $L_{(p,q)}$ は、平面全体を覆う。格子平行四辺形 $L_{(p,q)}$ は、平行四辺形 OACB を平行移動したものであるから、頂点以外の格子点を含まない。すると、座標平面の任意の格子点は、いずれかの平行四辺形 $L_{(p,q)}$ の頂点である。

特に、$(1,0)$ を含む格子平行四辺形 $L_{(s,t)}$ と $(0,1)$ を含む格子平行四辺形 $L_{(v,w)}$ が存在する。従って、

$$m(a,b)+n(c,d)=(1,0),\ \ m'(a,b)+n'(c,d)=(0,1)$$

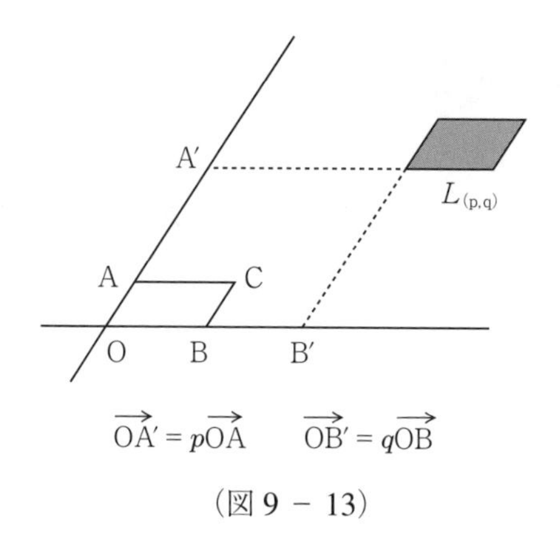

（図9 － 13）

を満たす整数 m, n, m', n' が存在する。すると、問題8 － 4から

$$|ad - bc| = 1$$

となる。従って、△ OAB の面積は $\dfrac{1}{2}$ である。（証明終）

補題9 － 1の証明と比較すると、別証はすっきりしている。問題8 － 4の結果を使う準備となる、一つの平行四辺形を平行移動すると平面全体を覆うところがポイントである。もっとも、一つの長方形を平行移動すると平面全体を覆うことは明らかであるから、その長方形の辺を少し傾ければ、平行四辺形でも平面全体を覆うことが理解できる。

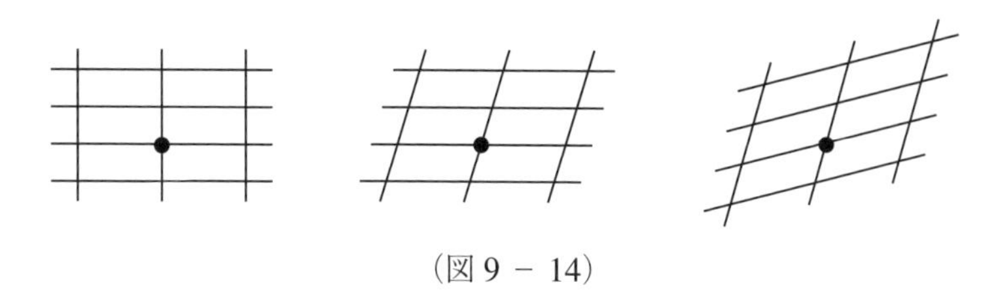

（図9 － 14）

問題9 － 4　座標平面の格子点Aは、原点0(0,0)とは異なるとする。いま、線分OAには、両端を除くと格子点が存在しないと仮定する。このと

き、△ OAB が基本三角形となるような格子点 B は無限個存在する。これを示せ。

基本三角形の面積が $\frac{1}{2}$ であることは、補題 9 − 1 で示したことであるが、その逆は自明である。実際、問題 9 − 3 でも扱っているように、△ OAB が頂点以外の格子点を含めば、△ OAB は 2 個以上の格子三角形に分割され、しかも、格子三角形の面積は $\frac{1}{2}$ 以上であるから、△ OAB の面積は 1 以上である。

[解答例]　格子点 A の座標を (a,b) とする。いま、a と b が互いに素でないとし、$d>1$ を a と b の公約数とし、$a=a'd, b=b'd$ とする。このとき、(a',b') は線分 OA 上の格子点であり、しかも、両端とは異なる。これは、題意に反する。従って、a と b は互いに素である。すると、方程式 $ax+by=1$ を満たす整数解 (x,y) は無限個存在する（数学 A「整数の性質」）。格子点 $\mathrm{B}(-y,x)$ を考えると、問題 5 − 2 と問題 9 − 3 で扱ったように、△ OAB の面積は、$\frac{1}{2}|ax-b(-y)|$ となる。すると、$ax+by=1$ であるから、△ OAB の面積は、$\frac{1}{2}$ である。従って、△ OAB は基本三角形である。これより、△ OAB が基本三角形となるような格子点 B は無限個存在する。

ところで、格子多角形の基本三角形への分割（図 9 − 5）を眺めると、すべての基本三角形は、直角三角形であるか、あるいは、鈍角三角形になっている。すると、素朴な疑問が沸く。鋭角三角形となる基本三角形は存在するか？

と、執筆したところで、大阪大学出版会の編集者から、原稿の催促があった。増補版の本編の加筆原稿は、もう 20 ページほどになったから、とりあえず、切り上げ、原稿を編集者に送った。

その数日後、河合塾浜松校のテーブル・ゼミ（2016 年 6 月 28 日実施）の講師をやったとき、受講生に、「僕は解けないんだけど」と断り、「面積 $\frac{1}{2}$

の格子三角形で鋭角三角形となるものは存在するか？」との問いを板書した。テーブル・ゼミの後、受講生の一人の○○さんが、「解けた！」と言って、ノートを持参したとのことである。その夜、そのノートのスキャンが、筆者のところに届き、翌日、チェックしたところ、証明の一部にギャップがあるものの、アイデアは面白く、恐らく、そのギャップは解消できるだろう、と思った。実際、そのギャップは、ちょっと計算すると、解消することができた。以下の解答例は、○○さんのノートのアイデアを借りたものである。

問題9－5　面積 $\frac{1}{2}$ の格子三角形で鋭角三角形となるものは存在しない。これを示せ。

[解答例]　面積 $\frac{1}{2}$ の格子三角形を平行移動し、頂点の一つが原点 $\mathrm{O}(0,0)$ となるようにし、他の頂点を $\mathrm{A}(a,b)$ と $\mathrm{B}(c,d)$ とする。面積 $\frac{1}{2}$ であることから $|ad-bc|=1$ である。頂点 $\mathrm{A}(a,b)$ は、直線 $bx-ay=0$ 上の格子点である。頂点 $\mathrm{B}(c,d)$ は、直線 $bx-ay=1$ 上の格子点であるか、あるいは、直線 $bx-ay=-1$ 上の格子点である。

まず、$\mathrm{A}(a,b)$ は第1象限にあるとしてもよい。いま、$(a,b)=(1,1)$ とすると、$(c,d)=(1,0)$ あるいは $(c,d)=(0,1)$ のとき、$\triangle\mathrm{OAB}$ は直角三角形となり、それら以外のときは、鈍角三角形となる。すると、$1\leq b<a$ としてもよい。

直線 $bx-ay=0$ を ℓ と、直線 $bx-ay=1$ を $\ell^{(+)}$ と、直線 $bx-ay=-1$ を $\ell^{(-)}$ とし、(図9－15) のように、原点Oを通り ℓ に垂直な直線、および、頂点Aを通り ℓ に垂直な直線を考え、直線 $\ell^{(-)}$ との交点を P, Q とし、直線 $\ell^{(+)}$ との交点を R, S とする。頂点Bが、P, Q, R, S のいずれかと一致するならば、$\triangle\mathrm{OAB}$ は直角三角形である。頂点Bが、直線 $\ell^{(-)}$ 上の線分PQの外側、あるいは、直線 $\ell^{(+)}$ 上の線分RSの外側にあるならば、$\triangle\mathrm{OAB}$ は鈍角三角形である。

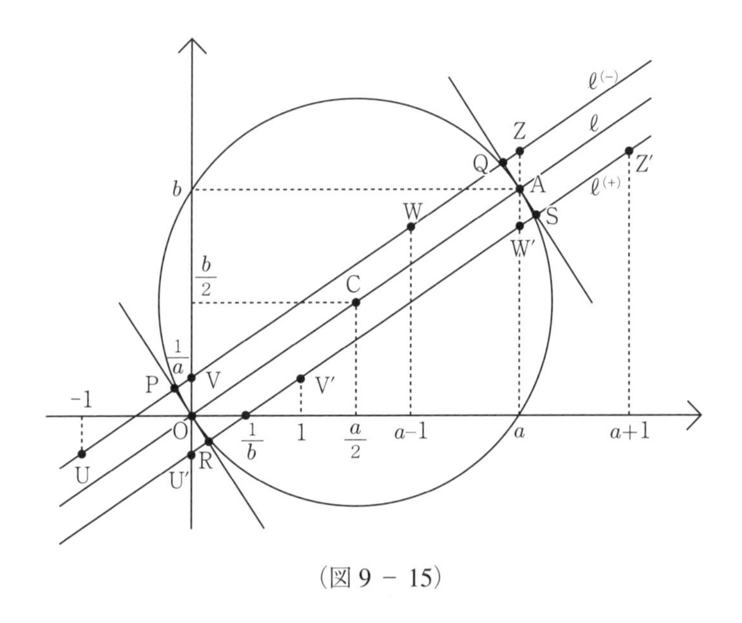

（図 9 － 15）

従って、頂点 B が線分 PQ の上（両端を除く）にあるとき、および、頂点 B が線分 RS の上（両端を除く）にあるときを議論する必要がある。いま、線分 AB の中点 C$\left(\dfrac{a}{2}, \dfrac{b}{2}\right)$を中心とし、線分 OA を直径とする円を K とする。円 K の半径は $r = \dfrac{\sqrt{a^2+b^2}}{2}$ である。円 K と x 軸との（原点以外の）交点の x 座標は a である。円 K と y 軸との（原点以外の）交点の y 座標は b である。直線 $\ell^{(+)}$ と点 C、および、直線 $\ell^{(-)}$ と点 C との距離は $d = \dfrac{1}{\sqrt{a^2+b^2}}$ である。すると、$0 < d < r$ であるから、直線 $\ell^{(+)}$ と直線 $\ell^{(-)}$ は、それぞれ、円 C と異なる 2 点で交わる。円周角の定理の系（と言うかどうかは知らないけれども、兎も角、円周角を考えること）から、格子点 B が円の内部にあるならば、∠ OBA は鈍角である。

残るは、線分 PQ の上（両端を除く）の格子点、および、線分 RS の上（両端を除く）の格子点は、すべて、円 K の内部に存在することを示すことである。

直線 $\ell^{(-)}$ 上の点で、x 座標が、$-1, 0, a-1, a$ となる点を、それぞれ、

U, V, W, Z とする。直線 $\ell^{(+)}$ 上の点で、x 座標が、$0, 1, a, a+1$ となる点を、それぞれ、U′, V′, W′, Z′ とする。すると、U と Z′, V と W′, W と V′, Z と U′ は、それぞれ、円 K の中心 C に関して対称である。

- 点 P の x 座標は $-\dfrac{b}{a^2+b^2}$ である。すると、$-1<-\dfrac{b}{a^2+b^2}<0$ から、点 U は線分 PQ の外部に存在する。点 U と点 Z′ が円 K の中心 C に関して対称であることから、Z′ は線分 RS の外部に存在する。
- 点 Z は、円 K の接線 QS に関し、円 K と反対側にあるから、線分 PQ の外部に存在する。すると、点 U′ は線分 RS の外部に存在する。
- 原点と $(0,b)$ を結ぶ線分は、円 K の弦である。点 V$\left(0,\dfrac{1}{a}\right)$ は、その弦の上にあるから、円 K の内部に存在する。すると、点 C に関して V と対称な点 W′ も円 K の内部に存在する。
- 原点と $(a,0)$ を結ぶ線分は、円 K の弦である。点 $\left(\dfrac{1}{b},0\right)$ は、その弦の上にあるから、円 K の内部に存在する。点 W′ が円 K の内部に存在し、点 $\left(\dfrac{1}{b},0\right)$ も円 K の内部に存在するから、それらを結ぶ線分の上にある点 V′ も円 K の内部に存在する。すると、点 C に関して V′ と対称な点 W も円 K の内部に存在する。

以上の結果、線分 PQ の上（両端を除く）の格子点、および、線分 RS の上（両端を除く）の格子点は、すべて、円 K の内部に存在する。

ヤレヤレ、なが〜ぃ解答例である。問題 9 − 5 の解答例は、高校数学の範疇を逸脱していないし、煩雑な計算も皆無である。しかし、問題 9 − 5 を、一般の大学入試に出題するのは、ちょっと難があるだろう。もっとも、小問に分割するなど、導入式（にすることは、望ましくはないけれども、まぁ、我慢し、そのよう）にすれば、出題することも可能かもしれない。あるいは、具体的な格子点（たとえば、A(25, 27) のときなど）を考えるだけでも面白い。

第10章 ピックの公式（承前）

第10章は、補題9－2を示し、ピックの公式の証明を完成させることが目標である。補題9－2の証明は数学的帰納法を使う。補題9－2を再掲する。

補題9－2 平面上の格子多角形 P の内部に含まれる格子点の個数を a とし、境界に含まれる格子点の個数を b とする。このとき、P は $2a+b-2$ 個の基本三角形を面とする凸多角形の貼り合せに付随する多角形である。

以下、凸多角形の貼り合せに付随する多角形を単に凸多角形の貼り合せと呼ぶことにする。第8章の定義に従うと、凸多角形の貼り合せは凸多角形の有限集合であり、その貼り合せに付随する多角形は平面図形であるから、ちゃんと区別すべきであるが、いちいち“付随する多角形”と断ると文章が煩雑になるし、“付随する多角形”を省略しても誤解はないだろう。

具体的な格子多角形を使って、補題9－2の貼り合せを作ろう。たとえば、（図10－1）の格子多角形 P を基本三角形（を面とする凸多角形）の貼り合せにしよう。格子多角形 P の内部には8個の格子点、境界には11個の格子点がある。基本三角形の個数は25個であるから、ちゃんと $2a+b-2$ 個の基本三角形の貼り合せになっている。もちろん基本三角形の貼り合せは幾通りもあり得る。たとえば、（図10－2）も（図10－1）の格子多角形を基本三角形の貼り合せにしたものである。

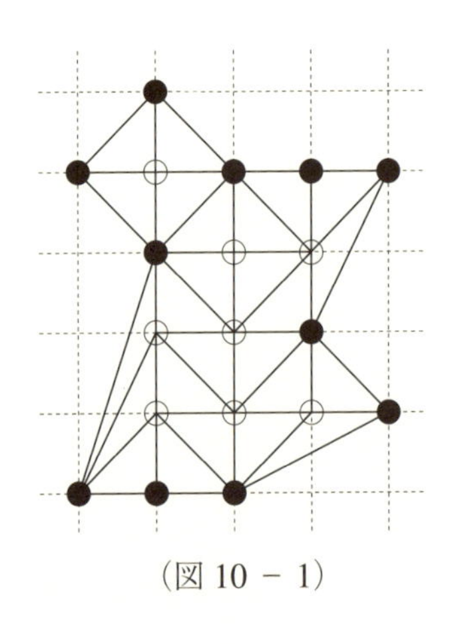

（図 10 － 1）

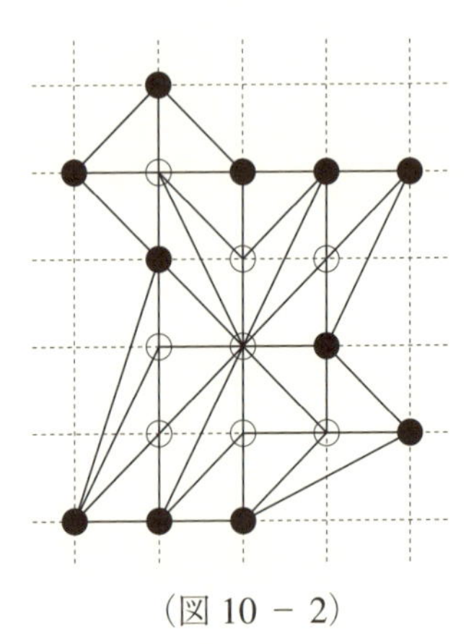

（図 10 － 2）

補題 9 － 2 の証明に進む。

［（補題 9 － 2 の） 証明］ **（第 1 段）** 格子多角形 P の内部に格子点が含まれないときを考える。

格子多角形 P の境界に含まれる格子点の個数 b に関する数学的帰納法を使う。但し、$b \geqq 3$ である。いま、$b = 3$ とすると、P 自身が基本三角形であるから、P は一つの基本三角形の貼り合せである。すると、$b - 2 = 1$ であるから、補題9 − 1は成立する。

次に、$b>3$とし、Pの境界に含まれる格子点の個数がbよりも少ないときには補題9 − 1が成立すると仮定する。いま、（図10 − 3）のように、格子多角形Pの頂点vとwを適当に(*)選ぶと、それらを結ぶ線分L（両端のvとwを除く）がPの内部に含まれるようにできる。その線分は格子多角形Pを二つの格子多角形P_1とP_2に分離する。格子多角形P_1とP_2の境界に含まれる格子点の個数を、それぞれ、b_1, b_2とする。すると、$b_1<b, b_2<b$であるから、帰納法の仮定から、格子多角形P_1とP_2は、それぞれ、b_1-2個, b_2-2個の基本三角形の貼り合せとなる。線分Lは両端を除くと格子点は含まれないから、P_1とP_2の基本三角形の貼り合せを集めると、Pの貼り合せとなる。頂点vとwはP_1とP_2の両者に含まれるから、$b_1+b_2=b+2$である。従って、Pを基本三角形の貼り合せとしたとき、基本三角形の個数は

$$(b_1-2)+(b_2-2)=(b_1+b_2)-4=b-2$$

となり、補題9 − 2は成立する。

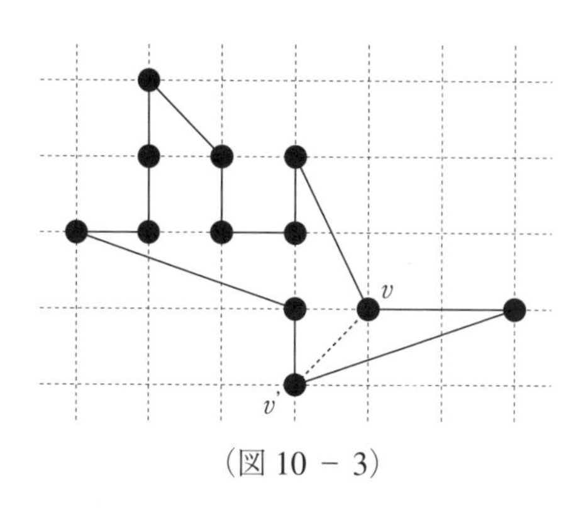

（図10 − 3）

（第2段）格子多角形Pの内部に含まれる格子点の個数をaとし、aに関

(*) 数学における‘適当に’という表現は‘いいかげんに’という意味ではなく‘うまく’という意味である。

する数学的帰納法を使い、補題9－2を証明する。（第1段）の結果から$a=0$のときは補題9－2は成立する。

いま、$a>0$とし、格子多角形Pの内部に含まれる格子点v^*を一つ固定する。すると、（図10－4）のように、格子多角形Pの頂点vとwを適当に選ぶと、格子点v^*とvを結ぶ線分L_1とv^*とwを結ぶ線分L_2（両端を除く）がPの内部に含まれるようにでき、更に、線分L_1とL_2を使って、格子多角形Pを二つの格子多角形P_1とP_2に分離することが可能である。格子多角形P_1とP_2の内部に含まれる格子点の個数a_1とa_2は、それぞれ、aよりも小さいから、数学的帰納法の仮定から、格子多角形P_1とP_2は、それぞれ、$2a_1+b_1-2$個、$2a_2+b_2-2$個の基本三角形の貼り合せとなる。但し、b_1はP_1の境界に含まれる格子点の個数、b_2はP_2の境界に含まれる格子点の個数である。それらの貼り合せを集めると、格子多角形Pの基本三角形による貼り合せとなる。

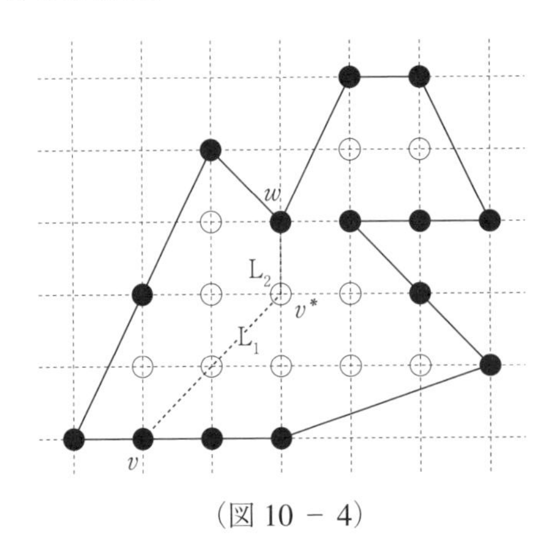

（図10－4）

いま、線分L_1（両端を除く）に含まれる格子点の個数をc_1とし、線分L_2（両端を除く）に含まれる格子点の個数をc_2とする。すると、格子多角形Pの内部に含まれる格子点の個数aは

$$a=a_1+a_2+c_1+c_2+1$$

である［注意：格子点 v^* を数えることを忘れてはならない］。他方、格子多角形 P の境界に含まれる格子点の個数 b は

$$b = b_1 + b_2 - 2(c_1 + c_2 + 1) - 2$$

である［注意：頂点 v と w を重複して数えていることを忘れてはならない］。従って、格子多角形 P を基本三角形による貼り合せとしたとき、基本三角形の個数は、

$$(2a_1 + b_1 - 2) + (2a_2 + b_2 - 2) = 2a + b - 2$$

となる。すると、格子多角形 P は補題9－2を満たす。（証明終）

以上で、補題9－2を証明することができたから、補題9－1とあわせると、ピックの公式の証明が完成したことになる。

ピックの公式そのものは小学生でも理解できるし、証明も高校生ならば十分に理解できる。ピックの公式は、拙著『数え上げ数学』（朝倉書店、1997年）を執筆する際、付録として加えるべき話題であったと思っている。オイラーの多面体定理にしても、ピックの公式にしても、理学部数学科の講義などでは、触れる機会が滅多にないから、学部学生を対象とする集中講義などの題材としてはとても面白い。

講義と言えば、数学の講義を受講する学生がやらなければならないことは、板書（すなわち、黒板に書いたこと）をちゃんとノートに写し、それを理解することである。と筆者はいつも言っている。このことは、古今を問わず、数学を学ぶときの基本姿勢である。話の流れを途中で理解することが困難な状況に陥（おちい）っても、兎も角、板書をノートに写す。ノートに写すという作業は、理解の促進にきわめて効果的である。理学部数学科の講義とか大学院の講義では、筆者の板書はそのまま教科書になる。だから、写したノートを後からじっくりと読み返せば、必ず理解できる。筆者の板書は速い。字は乱雑。チョークはすぐに折れる。字は大きい。声も大きい。黒板は頻繁に消す。慣れない学生は板書のスピードに追いつけない。しかし、

すぐに慣れる。最初の頃は板書のひらがなが読めないとの苦情もある。しかし、筆者は板書するときには、必ず書いていることをそのまま喋っている。だから、ちゃんと聞いていれば乱雑な字も判読できる。

大阪大学の講義ではないが、プロジェクト研究のスクール（神戸大学）での筆者の板書講義のビデオが

http://fe.math.kobe-u.ac.jp/Movies/cm/2009-09-cs-kobe.html

で公開されている。大阪大学の大学院の講義もこんなようなスタイルであるが、もっと文章が多い。このビデオの講義では、予め、講義ノートの草稿を配布してあったから、文章は少ない。普段の講義では、講義ノートの草稿を配布するようなことはない。だから、板書はもっと速い。

筆者の講義では、試験に落ちた学生には講義ノートを 3 回写して提出してもらうこともある。何もわからなくても、3 回も写すと何となく理解できるものである。写経の神髄である。嘗て、そのようにノートを提出した学生からのコメントがあった。そのコメントとは、途中から筆跡が変わっているが、これは他人の代筆ではなく、右手が疲れて使えなくなったから左手を使って書いたからである、と。

ところで、ピックの公式が高校の数学の教科書に載っていると仮定し、ピックの公式を使った大学入試問題を作るとすると、どんな問題ができるだろうか。

問題 10 − 1 (1) 平面上の格子点 (a, b) と (c, d) を考える。但し、$(a, b) \neq (c, d)$ である。格子点 (na, nb) と (nc, nd) を結ぶ線分を L_n とする。但し、$n = 1, 2, \ldots$ である。このとき、L_n に含まれる格子点の個数は n の一次式で表されることを示せ。

(2) 格子多角形 P の頂点を $(a_1, b_1), (a_2, b_2), \ldots, (a_s, b_s)$ とするとき、$(na_1, nb_1), (na_2, nb_2), \ldots, (na_s, nb_s)$ を頂点とする格子多角形を P_n とする。但し、$n = 1, 2, \ldots$ である。格子多角形 P_n の内部および境界に含まれ

る格子点の個数を $f(n)$ とするとき、$f(n)$ は n の二次式で表され、その n^2 の係数は P の面積と一致する。これを証明せよ。

［解答例］（1）線分 $L=L_1$ に含まれる格子点の個数を q とする。線分 L_n は線分 L を n 個繋（つな）いだ線分である。従って、L_n に含まれる格子点の個数は $n(q-1)+1$ であるから、n の一次式で表される。

（2）格子多角形 P の面積を S とする。格子多角形 P_n と P は相似で、その相似比は $n:1$ である。すると、面積比は $n^2:1$ であるから、P_n の面積は n^2S である。いま、P_n の内部に含まれる格子点の個数を $a(n)$ とし、境界に含まれる格子点の個数を $b(n)$ とすると、ピックの公式から、

$$a(n)+\frac{b(n)}{2}-1=n^2S$$

である。他方、（1）から、$b(n)$ は n の一次式である。すると、$a(n)$ は n の二次式であって、その n^2 の係数は S である。従って、$f(n)=a(n)+b(n)$ は n の二次式であって、その n^2 の係数は S と一致する。

どうでしょうか。小問（1）は小問（2）のヒントになっている。具体的に $(a_1, b_1), (a_2, b_2), \cdots, (a_s, b_s)$ を与え、$f(n)$ を計算する練習問題は、高校数学の教科にも掲載されている。

たとえば、「原点と $(2n, 0), (2n, n), (n, 2n)$ を頂点とする四角形に内部および境界に含まれる格子点の個数を n の式で表せ。但し、$n=1, 2, \cdots$ である」などはその典型的な例である。

問題 10 − 2　平面において、格子多角形 P の内部に格子多角形 Q が含まれている。格子多角形 P に含まれるが、Q の内部には含まれない領域 A の面積を計算するための、ピックの公式の類似版を作れ。

［解答例］　領域 A の内部を、P の内部から Q の内部と境界を除去した部分

とし、領域 A の境界とは P の境界と Q の境界の和集合と定義する。たとえば、（図 10 − 5）の領域 A ならば、網掛け部分が A の内部であり、実線部分が A の境界である。

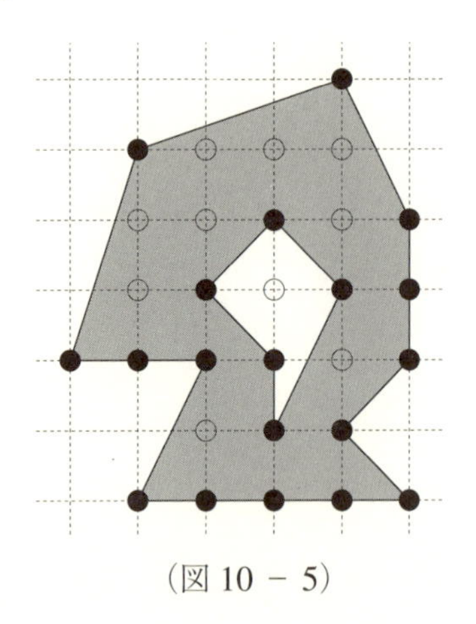

（図 10 − 5）

いま、A の内部に含まれる格子点の個数を a とし、Q の内部に含まれる格子点の個数を a' とする。他方、P の境界に含まれる格子点の個数を b_1 とし、Q の境界に含まれる格子点の個数を b_2 とする。すると、A の境界に含まれる格子点の個数 b は b_1+b_2 である。他方、P の内部に含まれる格子点の個数は $a+a'+b_2$ である。ピックの公式から P の面積は $(a+a'+b_2)+\frac{b_1}{2}-1$ であり、Q の面積は $a'+\frac{b_2}{2}-1$ である。領域 A の面積は P の面積から Q の面積を引けばいいから、

$$\left\{(a+a'+b_2)+\frac{b_1}{2}-1\right\}-\left(a'+\frac{b_2}{2}-1\right)=a+\frac{b}{2}$$

である。すなわち、領域 A の面積は $a+\frac{b}{2}$ である。面白いですね。ピックの公式から定数 1 が消滅していますね。たとえば、（図 10 − 5）の領域 A ならば、$a=9$、$b=19$ ですから、$a+\frac{b}{2}=\frac{37}{2}$ となり、領域 A の面積とちゃんと一致しますね。

問題10－3　問題10 － 2の公式を一般化せよ。

[解答例]　一般化って何？　と困惑する読者もいるでしょう。数学の論文を執筆するとき、既知の定理を含む定理を作ることを、その定理の「一般化」と言います。数学の論文を執筆するとき、一般化はとても基礎的なことです。反面、論文を執筆しているときの、最も警戒しなければならないことは、自分が執筆している論文の定理の一般化が他の数学者にやられてしまっていることです。苦労に苦労を重ね、やっと論文が執筆できたとき、既に、一般化された定理が既知であったとなると、すべての苦労は水の泡です。アイデアが全く異なるとか何かの理由でその論文を出版することができれば多少の救いにはなりますが、そうでなければ、その論文が塵箱（ごみ）入りです。だから、定理を創るときには、その定理が既知でないことを十分にチェックしなければなりません。それにもかかわらず、多くの研究者が興味を持っているような研究テーマだと、自分が論文を執筆しているのとほとんど同時進行で、他の研究者が自分の結果を一般化する結果の論文を執筆していることは珍しくはありません。数学の研究としては独立ですから、同じ内容の定理ならば発表することはできるでしょうが、他の研究者の定理が自分の定理を完全に含んでしまうとなると、発表は躊躇（ちょうちょ）されます。筆者らも、ある有名な予想の特別な場合を解決した論文を執筆し、その論文が雑誌に掲載されたのですが、掲載の翌週、その予想が完全に解決したというニュースが流れたこともありました。掲載された後だったからよかったものの、ちょっと遅れたら、その論文は没（ぼつ）になるところでした。

問題10 － 2は格子多角形に一つの穴がある状況である。だから、二つ以上の穴が空いている場合にピックの公式の模倣を創れば一般化になる。問題10 － 2では、ピックの公式の1が消えている。つまり、穴が一つならば、面積は $\left(a+\frac{b}{2}-1\right)+1$ となる。だったら、穴が N 個ならば、面積は $\left(a+\frac{b}{2}-1\right)+N$ になるのでは、と予想できる。簡単な例で $N=2$ のときと $N=3$ のときをチェックする。たとえば、（図10 － 6）では、$N=2$ で、網掛け部分が領域Aの内部、実線が境界である。すると、$a=10$、$b=38$、$S=30$だから、面積は$\left(a+\frac{b}{2}-1\right)+2$となり、予想が正しい。他方（図10 − 7）では、$N=3$で、網掛け部分が領域Aの内部、実線が境界である。すると、$a=8$、$b=43$、$S=\frac{63}{2}$だから、面積は$\left(a+\frac{b}{2}-1\right)+3$となり、予想が正しい。

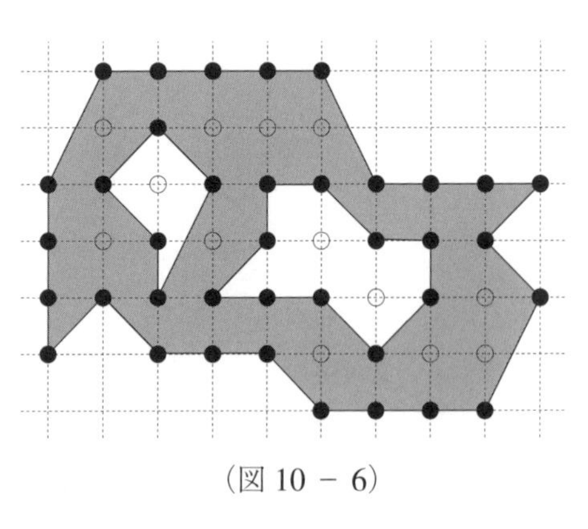

（図10 − 6）

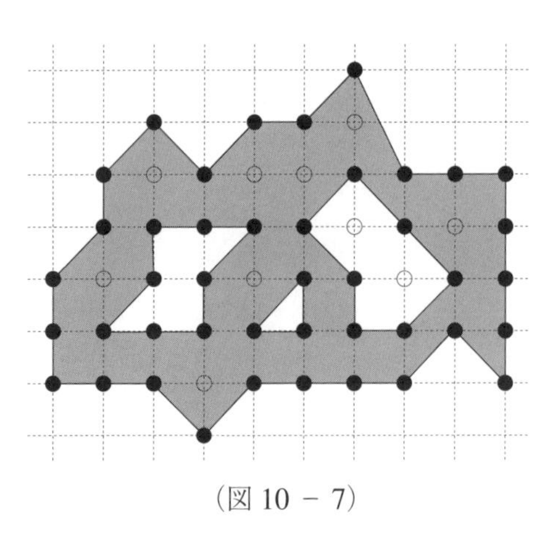

（図10 − 7）

それでは、問題10 − 2の一般化をちゃんと定式化し、その証明をしよう。ピックの公式の系と呼ぶ。

系　平面上で、格子多角形 P の内部に N 個の格子多角形 $Q_1, Q_2, \ldots, Q_N$ が互いに離れて含まれている。いま、P に含まれるが、$Q_1, Q_2, \ldots, Q_N$ のいずれの内部にも含まれない領域を A とする。領域 A の内部とは、格子多角形 P の内部から $Q_1, Q_2, \ldots, Q_N$ のそれぞれの内部と境界を除去した部分とし、領域 A の境界とは P の境界と $Q_1, Q_2, \ldots, Q_N$ のそれぞれの境界の和集合と定義する。このとき、領域 A の内部に含まれる格子点の個数を a とし、境界に含まれる格子点の個数を b とすると、領域 A の面積 S は

$$S=\left(a+\frac{b}{2}-1\right)+N$$

と表される。

［証明］問題 10 − 2 の証明をそっくりそのまま真似る。領域 A の内部に含まれる格子点の個数を a とし、Q_i の内部に含まれる格子点の個数を a_i とする。他方、P の境界に含まれる格子点の個数を b_0 とし、Q_i の境界に含まれる格子点の個数を b_i とする。簡単のため、

$$a^*=a_1+a_2+\cdots+a_N, \qquad b^*=b_1+b_2+\cdots+b_N$$

と置く。すると、A の境界に含まれる格子点の個数 b は b_0+b^* である。他方、P の内部に含まれる格子点の個数は $a+a^*+b^*$ である。

ピックの公式から P の面積は $(a+a^*+b^*)+\frac{b_0}{2}-1$ であり、Q_i の面積は $a_i+\frac{b_i}{2}-1$ である。領域 A の面積は P の面積から $Q_1, Q_2, \ldots, Q_N$ の面積の和を引けばいいが、$Q_1, Q_2, \ldots, Q_N$ の面積の和は $a^*+\frac{b^*}{2}-N$ であるから、領域 A の面積は

$$\left\{(a+a^*+b^*)+\frac{b_0}{2}-1\right\}-\left(a^*+\frac{b^*}{2}-N\right)$$

となる。これを計算すれば、$a+\frac{b}{2}-1+N$ である。（証明終）

雑談

深夜の羽田空港。国際線ターミナルは、深夜まで、活気に満ちている。筆者は、午前1時30分発のJAL 41便（パリ・シャルルドゴール行）の搭乗を待ちながら「雑談」を執筆している。「あとがき」ではなく、「雑談」である。パリ到着は（現地時間の）午前6時20分。たとえば、東京での国際会議の懇親会が夕方から夜に催されたとし、それを終え、翌日の朝から欧州の主要都市で開催される（されている）研究集会に参加することが、スケジュール的には可能になる。しかも、「手ぶらサービス」なるものを利用すると、自宅に宅配便の業者がやってきて、スーツケースを羽田空港まで運んでくれて、そのまま飛行機に載せてくれるから、スーツケースを空港まで持ち運ぶことも、航空会社のカウンターで預けることも必要なく、パリのターンテーブルでスーツケースと再会することになる。運良くターンテーブルに載っていればいいが、さて、どうなるか。

数学者の楽しみは、何といっても、海外渡航である。筆者が、名古屋大学に勤務していたときは、海外渡航の費用の捻出には四苦八苦した。海外渡航の費用を援助する財団に申請しても、ほとんど門前払いだった。そうなると、海外渡航の費用は自費である。自費だと「外国出張」にはならず「外国研修」になってしまう。両者の書類上の相違は別としても、言葉の持つ雰囲気は「外国出張」ならば堂々とした海外渡航だが、「外国研修」だとやましい海外渡航のように感じてしまう。自費の「外国研修」とは言っても、休職するのではないから、ちゃんと給料も貰えるし、経済的な余裕はあった。だから、団体扱いの激安航空券などを購入せず、ビジネスクラスの正規航空券を購入し、贅沢な空の旅を楽しんだ。日本航空のボーイング747（いわゆるジャンボ機）は2階席にビジネスクラスがある機種もあって、筆者は2階席のビジネスクラスにも何回か（少なくとも複数回は）搭乗した。ジャンボ機の2階席のビジネスクラスの座席数は16、落ち着いた雰囲気がとても素敵だった。北海道大学に在職中は、学内にも海外渡航の費用を援助する制度があり、そのお陰で、部分的な援助がしばしば得られた。北大勤務のときには、さすがにビジネスクラスはあきらめ、北大生協が扱う激安航空券で我慢した。しかし、世界一周チケットも購入し、東周りの世界一周の旅と西周りの世界一周の旅の両者も経験した。航空運賃を節約するため、シンガポール経由の南周りでヨーロッパへでかけたこともあった。南周りだと、帰国には3日必要である。たとえば、月曜日の夜にヨーロッパを出発すると、シンガポールには火曜日の午後に着く。シンガポールから日本への乗り継ぎ便は火曜日深夜に出発する。そうすると、日本への到着は水曜日の朝である。大阪大学に赴任した後、科学研究費の使途についての大幅な変更があり、科学研究費が外国出張に使えるようになった。それからは、外国出張の費用には困ることがなくなり、頻繁に外国出張ができるようになった。嬉しいことである。

名古屋大学理学部助手のとき、Richard Stanley のお陰で、Massachusetts Institute of Technology（MIT）に一年間（1988年～1989年）滞在することができた。そのときの滞在記は、日本評論社の『数学セミナー』（1990年1月号）に掲載されている。もう消滅してしまったが、その頃、「数学若手の会」と称する会があって、その会報（1989年）にも別の滞在記が掲載されている。前者は短編記事、日本評論社の輝かしい伝統のある雑誌の記事としての体裁を取り繕（つくろ）ってある。後者は長編記事、帰国直後の回想録であり、恥ずかしくて読み返すこともできないような話が満載である。

ボストンからチャールズ川を隔てた隣街のケンブリッジは、ハーバード大学とMITがあることで世界的に有名な街である。筆者が初めてMITを訪れたのは1987年3月であるから、もう20余年も昔のことである。季節は春。しかし、3月のボストンは例年だと寒い。期待も大きかったけれども、不安はそれを越える大きなものだった。

駆け出しの数学者だった頃の筆者の英語の会話能力はまったく駄目で、何をするにも困ったことが多かった。もっとも難しかったことの一つはサンドイッチの注文である。パンの種類を選び、チーズの種類を選び、野菜の種類を選ぶ、…などなどは、骨が折れる。そもそも、パンの種類も、チーズの種類も何もわからなかったのだから。しかし、ローストビーフの分厚いサンドイッチなどはいかにも美味しそうなので、苦労しながらも注文した。マクドナルドでも、フィレオフィッシュの発音がいつも通じない。フィッシュ物は一種類だから、わかってくれよなあ！　と嘆いた。欧米諸国などでは、夏時間が採用されており、それがいつ始まるかがわからなかったから「SUMMER TIME はいつ始まる?」と尋ねると「そんなこと誰も知らない」との返答であった。夏時間は、米国では、SUMMER TIME ではなく DAYLIGHT SAVING TIME（DST）というのだということは、随分と後に知った。英語の会話能力はあまり進歩しなくても、それを経験が補ってくれる。自分の喋る英語の何が通じて何が通じないかがわかってくる。たとえば、治安の問題を尋ねるとき、安全（safe）か?　と尋ねると通じない。どうも safe の発音が駄目なようだ。それがわかってから、危険ではない（not dangerous）か?　と尋ねることにしている。何とか dangerous の発音は通じるようである。

1987 年の MIT 滞在は、3 ヶ月の短期滞在だったことから、MIT から地下鉄で 10 分ほどのところに下宿をした。下宿と言うと侘しい響きであるが、こちらの洒落た言い方だと Bed & Breakfast のことである。民家の一室を間借りし、朝食はダイニングでパン、トースト、珈琲などが準備されている。下宿のおばさんはとても親切で、その下宿には、その後も、ボストンを訪れるときには、たびたび滞在し、筆者にとってはボストンの常宿となった。1988 年～1989 年の MIT 滞在のときには、ボストンのビーコンストリートにアパートを借りた。ボストンのビーコンストリートと言えば、高級住宅街である。

MIT のキャンパスは、チャールズ川に面し、建物が所狭しとばかり建っている。建物には 1、2、3 などの番号が付いている。しかし、たとえば 13 番建物の隣に 31 番建物が建っているなどと、建物の番号に沿って目的の建物に辿り着くことは難しい。だから、建物を探そうとすると地図を頼りにしなければならない。建物の高層階から眺めるチャールズ川を隔てたボストンの町並みはとても美しい。独立記念日の 7 月 4 日、チャールズ川にはいっぱいの花火が打ち上げられる。キャンパスの真ん中をマサチューセッツアベニューと呼ばれる大通りが通っている。マサチューセッツアベニューをボストンに向かって歩き、チャールズ川に架かっているハーバード橋を渡ればそこからボストンである。チャールズ川を背に、反対向きに 30 分ほど歩けば、ハーバード大学のあるハーバードスクエアに着く。ハーバードスクエアには素敵なお店がいっぱいある。オーボーパンというフレンチベーカリーのお店があるが、筆者はそのお店のアーモンドクロワッサンが大好きで、昔はしばしば足を運んだ。そのお店の外には丸いテーブルと椅子がたくさんあり、そこで数学の議論もした。

「雑談」の前置きが随分と長くなったが、そもそも、本著は筆者の旅行記に数学的な内容を盛り込むつもりで執筆を始めた。実際、本著の大部分は外国出張の際に執筆したから、滞在地での思いを語りながら、原稿を作った。しかし、執筆が進むに従い、あまりにも教科書としての体裁が逸脱することに迷いを感じるようになり、結局、旅行記を削除した原稿になった。

国内／国外を問わず、執筆場所として、筆者がもっとも好きなのは、スターバックスのお店である。珈琲の香りが作文の創造力を刺激する。もっとも、店舗によっては、騒々しく全く落ち着かないところもあるし、驚くことに、パソコン禁止の店舗もある。反面、パソコン使用の電源が設置されている店舗もあるから、そのような店舗では、パソコンのバッテリーの残量を気にすることなく執筆に専念できるのは嬉しい。

本著の草稿は 2010 年 8 月に脱稿し、漸く校正まで辿り着いた。校正の際、索引に載せる専門用語を拾い上げたのだけど、索引に載せるような専門用語が少ないなあ、としみじみと感じた。「はじめに」でも断ったけれども、本著は一般の数学書とは趣が異なり、すらすらと読めるテキストである。索引が乏しくても何ら差し障りはない。文献にしても、執筆に際し、既存の数学書を参考にすることはなかったから、文献表は掲載しない。けれども、本著の内容に興味を持った読者が、いまからどんな教科書を読めばいいか、ということを示唆することは、著者の義務だと思うから、そのような文献の紹介なども含め、「雑談」を作文する。

「雑談」の前編は、筆者の著書の紹介から始めよう。筆者の著書を謙遜し、へりくだって言うときに、つたない著作という意味を込めて「拙著」と呼ぶそうだ。筆者は「拙著」という言葉を、永田雅宜教授（京都大学名誉教授）の著書から学んだが、坪内逍遙の『当世書生気質』に「拙著書生形気の如きも、其行文は花なく、其脚色は浅劣なれ…」とあるそうだ。欧米では、謙遜の「拙著」なる言葉は存在しないとのこと、英訳すれば、単なる my book である。

名古屋大学から北海道大学に赴任したのはちょうど 20 年前である。北国の美しい街、札幌。札幌での生活はとても楽しく快適であった。いまでも札幌にはときどき出張するが、札幌グランドホテルにあるスターバックスのお店は筆者のお気に入りのお店の一つである。札幌駅から大通公園に向かう札幌駅前通に面したカウンターの椅子席があり、ホワイトイルミネーションの季節の夕暮れ時など、そこから眺める光景は幻想的である。

北海道大学に赴任してから一年余りが過ぎた頃、1991 年の初冬、オーストラリアのシドニー大学に滞在した。北半球と南半球は季節が逆。札幌に冬が訪れる頃、シドニーには春が訪れる。紫色のジャカランダの花が咲き乱れ、その華麗な姿は筆者を魅了した。真夏のクリスマスを過ごし、年末年始の海水浴を楽しみ、真っ黒に日焼けし、厳冬の札幌に戻った。

シドニー大学に滞在した際、組合せ論と可換代数の連続講義をした。毎週、水曜日、木曜日、金曜日に、それぞれ 90 分の講義をし、それが 8 週間続いた。その連続講義の板書のノートをシドニー大学の Karl Wehrhahn が加筆し、

［1］T. Hibi, “Algebraic Combinatorics on Convex Polytopes, ” Carslaw Publications, Glebe, NSW, Australia, 1992.

を出版することができた。

その Karl Wehrhahn はシドニー大学における筆者の世話人であったが、彼の家の庭には大きなプールがあり、ときどき、セミナーのメンバーが集まり、バーベキューパーティなども楽しんだ。筆者は、暇があれば世話人とおしゃべりをしていたから、流石に筆者の英語の会話力も上達した。Karl の英語にはオーストラリア独特の癖（いわゆるオージーイングリッシュ）がないからおしゃべりも楽しい。いまにして思えば、この頃が筆者の英会話の能力の絶頂期だったであろう。シドニー滞在中、オーストラリアの幾つかの大学とニュージーランドのオークランド大学とクライストチャーチ大学を訪問した。オーストラリアの西海岸の都市パースにある西オーストラリア大学を訪ねた折、広大なインド洋に沈む夕陽を眺めることができた。水平線に沈みかけた太陽は瞬く間に沈んでしまう。日没後、空がオレンジ色に染まり、その雰囲気は神秘的である。

テキスト［1］は講義の板書をそのまま単行本に仕上げたものである。教科書としての体裁は整っていない。ちゃんと校正をしたつもりであったが、誤植の多さが際立つ。しかし、講義の雰囲気がそのまま伝わる。Richard Stanley の仕事（1975 年）を始祖とする研究分野「可換代数と組合せ論」の素人向けの入門書である。いまから思うと、1980 年代から 1990 年代は、その「可換代数と組合せ論」の全盛期であったが、ちょうどその全盛期に入門書を出版できたことは幸いであった。

それから 2 年後、1993 年にもシドニー大学に約 4 ヶ月滞在し、春学期の大学院の講義「組合せ論」を担当した。このときは、休日を利用し、ヘイマン島に滞在した。シドニーからブリスベン経由でハミルトン島に飛び、そこから専用クルーザーでヘイマン島へ。グレート・バリア・リーフの海の青さは素敵だ。ヘイマン島は超高級リゾートとして世界に知られ、英国王室御用達で別名ロイヤル・ヘイマン。島全体がヘイマンアイランド・リゾートという単独リゾート施設。贅沢な気分を味わうことができる。ヘイマン島のホテルで国際会議を組織したらさぞかし楽しいだろう。欧米諸国から 100 名の講演者を招待するならば、1 億円の予算があれば可能か。筆者の叶わぬ夢の一つである。シドニー大学の春学期終了後、熱帯雨林のケアンズで一週間遊んで帰国。ケアンズから札幌への直行便で初夏のオーストラリアから初冬の札幌へ。札幌に赴任してから 4 回目の冬である。そろそろ札幌から離れる潮時か、と思いながら、その冬は網走にも遊びに行き、オホーツク海の網走流氷観測砕氷船オーロラ号にも乗船した。流氷を眺めるのは、もちろん、初めてのことである。大阪大学から誘いがあったのは、その数ヶ月後、北国の雪深い冬が終わり、春が訪れた頃であった。

欧文テキスト［1］に沿って、教科書としての体裁を整え、凸多面体の組合せ論の箇所を加筆した教科書が

［2］日比孝之（著）『可換代数と組合せ論』シュプリンガー東京（1995 年）.

である。筆者がちょうど、北海道大学から大阪大学に赴任する頃に出版された。本著の第 8 章「オイラーの多面体定理」では、平面の凸多角形と空間の凸多面体に限って、しかも、空間図形の直観に頼りながら、議論をしている。一般次元の凸多面体の基礎理論の厳密な扱いは［2］の第 1 章の § 1 が詳しい。

素人にも「組合せ論」と呼ばれる分野がどんなものかは大凡(おおよそ)の想像ができよう。順列と組合せ、凸多面体の理論、本著の第 7 章「一筆書き」で扱ったグラフ理論、本著の第 9 章と第 10 章「ピックの公式」における格子点の数え上げなどは「組合せ論」の範疇に属する。テキスト［1］と［2］で扱う組合せ論は、凸多面体の面の数え上げと凸多面体に含まれる格子点の数え上げである。しかし、「可換代数」って何（?）と思う読者は多いだろう。「可換代数」は我が国の純粋数学の伝統的な分野の一つである。深入りすると、難しい話になるが、ひとまず、高校数学などで習得する単項式と多項式の演算を掘り下げた研究分野だと思っておけばいいだろう。そのような「可換代数」と凸多面体の組合せ論がどうやって結び付くのだろうか。一例を挙げると、格子点の数え上げをするとき、たとえば、格子点 $(3, 7, 2)$ に単項式 $x^3y^7z^2$ を対応させると格子点の数え上げに単項式の理論が使える、というシナリオである。本著の第 9 章と第 10 章「ピックの公式」の格子点の

数え上げに関連し、一般次元の凸多面体における格子点の数え上げの理論については［2］の第 4 章を参照されたい。

テキスト［2］は、筆者の師匠である松村英之教授（名古屋大学名誉教授）が書評を執筆することになっていた。書評の原稿の〆切りは 1995 年 7 月 31 日。しかし彼は書評の原稿を完成することなく、8 月上旬に登山へ。そこで不幸にも事故に遭遇し、他界してしまった。残念なことに、筆者は恩師の批評を聴くことができなかった。

ピックの公式の格子点の数え上げに限らず、数え上げは数学のあらゆる分野に現れる。そのような数え上げの面白さを、難解な予備知識を使わずに執筆した著書が

［3］日比孝之（著）『数え上げ数学』朝倉書店（1997 年）.

である。本著のレベルよりはいささか高いけれども、理科系の受験生ならば十分に踏破でき、受験数学をちょっと飛び出したところに広がる肥沃な数学の世界の一端を垣間みることができる。第 1 編、第 2 編、第 3 編から構成され、第 1 編は、単峰数列と呼ばれる有限な数列を微分と積分を使って議論する話、第 2 編は、いわゆるメビウス函数を抽象代数の枠組から導入し、その緒性質を簡潔に論じ、第 3 編は、空間を平面で切ったときに幾つの部屋に分離されるか、という数え上げの問題をメビウス函数を使って計算する話である。

筆者は、大阪大学に着任した頃（1995 年 4 月）から、次第に「グレブナー基底」と呼ばれる概念に興味を覚えるようになり、その組合せ論的側面についての共著論文を、10 余編、大杉英史と執筆した。大杉英史との共同研究から得られた成果を踏まえ、大阪大学でのグレブナー基底の講義、他大学での集中講義のノートに加筆して完成したテキストが

［4］日比孝之（著）『グレブナー基底』朝倉書店（2003 年）.

である。修士課程の大学院生のテキストとしては標準的なレベルだと思う

し、読破すれば、修士論文の題材にも遭遇できる（かも知れない）。

やはり大阪大学に着任した頃からであるが、筆者は、ドイツの可換代数の権威者 Jürgen Herzog との共同研究を始め、今日まで 15 年以上も続いている。ほとんど毎年ドイツに滞在し、既に、20 余編の共著論文も出版されている。彼は筆者よりも 15 歳年上で、筆者が助手の頃は、気軽に話すことも憚られるような風格と威厳に満ちた数学者に思えた。彼は、既に定年退官をしているが、今もって、欧州の可換代数の世界における影響力は絶大である。Jürgen Herzog との共同研究を基礎とし、欧文テキストを執筆するプロジェクトが 2006 年 7 月に始まった。2009 年の夏には、ドイツの避暑地に別荘を借りて、執筆を遂行した。執筆に疲れたら、あるいは、難航したら、ときどき散歩もした。漸く、4 年間の歳月を経て、共著の単行本

［5］J. Herzog and T. Hibi, “Monomial Ideals,” GTM 260, Springer, London, Heidelberg, New York, 2010.

を出版することができた。タイトルの邦訳は「単項式イデアル」であるが、もともと、タイトルは、単に Monomials（単項式）とすることを想定し、共同執筆を始めた。タイトルについては、出版社からの意向により、「単項式イデアル」に修正した。

筆者が初めてドイツを訪れたのは、1989 年の夏。そのときは、ドイツのいろいろな大学の数学者を訪ねながら、一ヶ月余り、ドイツを旅行した。一等車両のユーレイルパスを持っていたから、列車は一等車両を乗り放題であった。ライン川のクルーズもやったし、フランクフルトから古都フッセンまでのロマンチック街道のバス旅行もし、ノイシュバンシュタイン城も訪れた。ミュンヘンにも滞在したし、ハンブルグも訪れた。ハンブルグから寝台特急に乗ってストックホルムまで足を延ばした。筆者はドイツ語を全く理解できない。大学生のときの第 2 外国語はフランス語であったが、もちろん、フランス語はすべてをすっかりと忘れている。ドイツ語は、第 3

外国語として、2単位を取得した。卒業単位にはならない授業で、6人のクラスだったから、予習をしないで出席することはできず、随分と頑張って予習をした。しかし、いまではドイツ語もすっかりと忘れた。筆者のドイツ訪問は20余回に及ぶが、ドイツ語はまったくわからないままである。それでも、経験を積めば、日常生活ならば何とかなる。

筆者の著書は、以上の5編である。以上の著書の趣旨は、どれも本著の趣旨とは異なる。その他、筆者が編集したテキストと欧文論文集、大杉英史らとの訳本などもあるが、それらの紹介は割愛しよう。

「雑談」の後編に進む。第1章から第10章のそれぞれの章の「メモ」を記載する。

第1章に関し、特記すべき参考文献はないが、筆者が受験生であったときに使った受験数学の問題集が間接的な参考文献であることは否めない。筆者の経験した大学入試、大学院入試の模様を記録に留めることは、何らかの教育的な意義があると信ずる。数学の大学入試問題を、昭和40年代と昨今を比較するといろんな面白いことが浮き彫りになる。大学院の入試問題に至っては、隔世(かくせい)の感を禁じ得ない。

ところで、筆者はちゃんと「教員免許」を取得している。「教員免許」と「運転免許」は取れるときに取らないと、後から取得することはとても難しい。だから、学生時代に両方とも取得するのが望ましい。筆者の学生時代は、数学科の卒業生のほとんどは教員になった。一般企業の就職がほとんど望めず、さりとて、研究職に就くことはなおさら困難な時代であった。昨今、数学科の学生は金融機関、コンピュータ関連の企業などにも就職できるようになった。反面、教職に就くには激戦を突破しなければならない。「運転免許」は取得後、ちょっとだけ活用したが、もう30年以上も車を運転していないから、立派なペーパードライバーである。運転免許の更新の際はもちろん、無事故無違反の優良ドライバーである。しかし、運転免許は身分証明書として活用するには重宝だから、更新はちゃんとしている。「教員免許」も数ヶ月だけ使った。大学院生のとき、広島でとある女子校の非常勤講師を勤めたからだ。女子校の非常勤講師は、一生に一度はやってみたい仕事である。筆者の青春の甘く淡い思い出の一駒である。筆者の自慢話であるが、あの頃の筆者の授業は、魅力と迫力と爆笑に満ち、とても素晴らしかった。年齢も若く、高校生との年の差があまりなかったことも一因であるが、それだけでは、もちろん、ない。あの頃の筆者の、生徒を引き付ける個性豊かな独創的テクニックは、余人には絶対に真似はできない。もっとも、いま、あの頃の授業をやれるか、と問われると答は「否」である。あの頃の授業のビデオがあれば、筆者の息子と娘に是非、鑑賞させたいところである。

第 2 章、第 3 章は、『中学への算数』など、東京出版から出版されている受験算数の書籍を参考にした。受験算数というのは面白い。なぜ面白いか。数学者（少なくとも筆者）には解けない問題ばっかりがあるから。本著で紹介した、平行四辺形の面積の公式を証明する原理も、11 の倍数の判定法も、筆者は知らなかった。その他、三角柱を斜め切りしたときの体積を求める公式など、中学受験の小学生が使っているのは驚きである。もっとも、使うだけなら簡単だけど、11 の倍数の判定法も、三角柱を斜め切りしたときの体積を求める公式も、その証明を小学生が理解しているとは思えない。

筆者が大学院生のとき、予備校のアルバイトで大学入試問題の解答の作成をやったことがある。解答速報の資料の作成だから、短時間で処理しなければならず、従って拘束時間が短い。しかし高額の収入が得られ、時間給に換算すると、何と 1 万円を越える（20 余年前の物価からすると、驚くべき高額!）。類似のアルバイトだが、受験算数の解答の作成もやった。こちらは、苦しんだ。何しろ、試験の制限時間では 3 割から 4 割しか解けない。こんな問題をすらすらと解く小学生はどんな勉強をしているのか、と感心と疑問を持った。訓練の賜物(たまもの)なのだろう。そんな青春時代の感傷に浸りながら、『中学への算数』を楽しんだ。その『中学への算数』に載っている論理の問題は、背理法を導入するときなどにも参考になった。

第 4 章から第 7 章は、「背理法」と「数学的帰納法」の話題であり、本著のハイライトである。理系の高校生にも、是非、読んで欲しい。数学は人類が創造した文化的無形遺産である。その遺産のなかでも、誰にでもその原理を理解することができ、しかも数学の理論を築くための骨格となる「背理法」と「数学的帰納法」は、万人が享受すべきものである。「背理法」と「数学的帰納法」は、数学の専門書を読めば、その使い方にも次第に慣れてくるが、専門書の洗礼を受ける前に、じっくりと学ぼうと思うならば、筆者の師匠の名著

[6] 松村英之（著）『集合論入門』朝倉書店（1966 年）.

がお勧めである。活字も大きくなった復刊本が 2005 年に出版されているから、いまでも、入手可能である。『集合論入門』の解説はとても丁寧で、理系の高校生ならば、大部分を独学することができる。至る所に「背理法」と「数学的帰納法」が使われている。松村英之教授の著書は、その明快さで高い評価を得ている。実際、

[7] Hideyuki Matsumura, “Commutative Algebra, ” Second Edition, Mathematical Lecture Note Series 56, Benjamin ／ Cummings Publishing Co., Inc., Reading, Mass., 1980.

は、日本人が執筆した欧文の数学書のなかで、もっとも売れている著書の一つである。

第 8 章から第 10 章は、凸多面体の数え上げ理論への入門である。第 8 章は、テキスト［3］にほとんどそのまま掲載されているが、正多面体の分類を整数問題として解く部分は、ちょっと加筆してある。第 9 章と第 10 章のピックの公式は、他大学での集中講義のときなどに紹介したことがあるが、ちゃんとした解説が載っている既存の和書が（恐らく）ないので、機会があれば、執筆しようと思っていた題材である。凸多面体の面の数え上げ理論と凸多面体に含まれる格子点の数え上げ理論については、テキスト［2］を参照されたい。もっとも、テキスト［2］は絶版になっており、入手は困難である。筆者の研究室の大学院生の一人は、古本屋で、定価よりも高額な

値段で入手したとのことである。

本著には付録として、ミシン目の入ったレポート用紙が付いている。講義の際には出席チェックを兼ね、毎回、講義の終了時、簡単な課題を与え、このレポート用紙を使ってのレポートの提出を義務とする。そうすると、講義を受講する学生は必ず本著を購入しなければならない。それに、レポート用紙を切り取って使ってしまうのだから、後輩に譲っても（数学の勉強をすることはできても）単位を取得することはできない。だから、講義を受講する学生は、毎年、毎年、必ず本著を購入しなければならない。古本屋に売っても、レポート用紙が使用済みでは講義を受講する学生が購入することはないから、古本屋にも高額では売れない。余談であるが、筆者が名古屋大学の学生だったとき、一般教養の『〇〇学』という教科書を古本屋に持って行ったら、「そのテキストだけは勘弁してくださいよ」と断られた経験がある。講義のときもほとんど読まず、単位が取得できれば、誰も本箱に入れておこうとは思わず、古本屋に売り飛ばすのだろう。その古本屋でさえも厄介払いである。ああ『〇〇学』よ。『〇〇学』よ。何と悲しいテキストであることか。余談からさきほどのレポートの課題の話に戻るが、テキストを購入することはしても、他人に代筆を頼んでちゃっかりレポートを提出してもらうことを考える愚かな学生が必ず現れる。間違いなく現れるのである。その防止策は幾らでもある。幾らでもあるから、毎年、異なる防止策を実施する。だから、先輩の話を鵜呑みにすると、とんでもない火傷をする。今年はどのような防止策にしようか。雪深い秘境の温泉宿の露天風呂でそんなことを考えるのも趣がある。

続・雑談

「雑談」は初版の「あとがき」である。増補版の「あとがき」は「続・雑談」とする。

高等学校の数学教育は、1979 年の「国公立大学共通第一次学力試験」の導入以降、数学教育のあるべき姿を忘れ、崩壊の一途を辿っている。国公立大学共通第一次学力試験が導入される以前は、国立一期校、国立二期校の時代であり、それぞれの大学が独自の試験問題を出題し、学力試験を実施していた。しかしながら、高校教育の範囲を越える、いわゆる奇問、あるいは、難問の出題が珍しくはなく、高等学校の教育への悪影響が憂慮される、との批判も聞かれ、その憂慮を払拭することが、共通第一次学力試験の導入の契機となった。けれども、数学に限って言うならば、高校数学の範囲を越える受験数学の問題に耐える学力を鍛えることは、高校数学と大学数学のギャップを克服する役目を果たし、大学入学後の数学教育を円滑に進めるための盤石な土台となっていたことも、事実である。

a）短編物語　昔、昔の話である。3 歳の幼子の家に柱時計があった。振り子があって、長針と短針がある、あのクラシックな柱時計である。幼子は、無性に、その柱時計が分解したくなり、母親に告げた。母親は、柱時計を壁から外し、幼子に与えた。分解すれば、壊れてしまうことはわかっていただろうけど、母親は、文句を言わず、幼子に与えた。ついでに、母親は、時計をどうやって読むかを幼子に教え、幼子は、3 歳で時計が読めるようになった。幼子は、柱時計を分解する前に、長針を手で回して遊んだ。長針を、ぴったり 1 時になるところ（すなわち、長針は「12」、短針は「1」の位置にあるところ）で止めると、ぼお～ん、と音が一つ鳴る。長針をもう一回り回し、ぴったり2時になるところで止めると、ぼお～ん、ぼお～ん、と音が二つ鳴る。長針をもう一回り回し、ぴったり3時になるところで止めると、ぼお～ん、ぼお～ん、ぼお～ん、と音が3回鳴る。その後、幼子は何をやったか、と言うと、長針を、4時になるときに止めず、ぐるぐると2周の連続回転をさせ、ぴったり5時になるところで止めた。幼子は、ぼお～んが5つ鳴ると思った。ところがどうであろうか、ぼお～ん、ぼお～ん、ぼお～ん、ぼお～ん、と音が4回鳴っただけである。長針をもう一回りさせ、ぴったり6時になるところで止めると、ぼお～んが5つ鳴った。幼子は、これは困ったと焦った。時刻と、ぼお～んの個数が一致しない。どうやれば、一致するようにできるのだろうか。幼子はしばらく考え、ふっと閃いた。そうだ、次は、ぼお～んが6個鳴るのであるから、長針を止めず、回し続け、再び、6時にすればいいのでは、と。幼子は、長針を12周の連続回転をさせ、ぴったり6時のところで止めると、ぼお～んが6個鳴った。幼子は、やった！　と感激した。

＊＊＊

という短編物語である。その幼子とは、筆者のことである。その頃、筆者の自宅は名古屋市港区にあり、伊勢湾台風の壊滅的な被害の後であった。生活は楽ではなかったが、柱時計を無駄にすることを、母親は何も躊躇（ためら）わず、息子の好奇心を大切にした。ついでに言うと、算数と数学に関する限り、筆者の母親が筆者に教えてくれたことは、時計をどうやって読むか、そのことが唯一である。

この短編物語に秘められていることは何か。第1に、幼子の好奇心を母親が大切にしたこと。第2に、母親は考えるための基礎（どうやって時計を読むかということ）を幼子に教えたこと。第3に、幼子は自らの意志、あるいは、行動で考える問題に巡り会ったこと。第4に、その問題を解くにはどうすればよいかを自ら考え、その結果、閃いたこと。第5に、問題を解決し、喜んだことである。これらの5項目は、そのまま、数学（に限らず、自然科学）を学ぶときの土壌である。

数学を専攻する大学院生が学位論文を執筆するときもそうであろう。まず、研究課題を選び、必要な知識の習得する。それとともに、論文の主要結果となるような解決すべき問題を探す。その後、その問題を解決し、論文の作成と発表に至る。この流れでもっとも独創性が必要なのは、問題の解決よりも、寧ろ、問題を探す（問題を創る）ことである。本編９ページでも触れているが、受験勉強と論文執筆の本質的な懸隔（けんかく）は、解くべき問題が準備されているか否かである。

もし、柱時計の体験がなかったら、筆者は数学者になっていなかったかも知れないと、ときどき、思う。そんな貴重な体験であった。

b）受験勉強　本編１ページでも触れたが、筆者の母校は、名古屋市立向陽高等学校。平凡な公立高校で、東大、京大を目指す同級生などほとんどおらず、地元の名古屋大学に合格できれば御の字であった。しかし、それにもかかわらず、数学のカリキュラムはしっかりしており、高校数学のすべてを、高校１、２年生の２年間で終了した。筆者は、数学の授業はほとんど聞かず、授業中は、数学の教科書を自学自習。教科書は隅から隅まで読む。教科書の問いは解く。章末問題も完璧に解く。学校の進度にぴったりと沿って勉強を進めた。だから、２年間で終了というカリキュラムはとても重宝であった。教科書以外は、学校指定の教科書傍用問題集を解いた。数学の勉強はそれだけである。○○出版の○ャ○○を持っている同級生もいたし、○○塾○○○○コースに通っている同級生もいたが、筆者は、兎も角、教科書と教科書傍用問題集しかやらなかった。だけど、徹底的にやった。徹底的に、である。

高校３年生になって、学校で薄い入試問題集を配布され、一学期はそれをひたすらやった。筆者の世代にとって、もっとも有益だったのは、そのような問題集には、「略解」が載っているだけで、詳しい解答集がなかったことである。「略解」と言っても、お粗末なもので、解の略ではなく解を略しているのである。証明問題は略、答が要求される問題はその答のみである。だから、根性で解く。解ける迄（まで）がんばる。解ける迄がんばる根性の育成は、受験数学の入門段階には不可欠である。

と、受験生の筆者は信じていた。しかし、その信仰を打破するような参考書に遭遇する。物理学者の竹内均が著した、旺文社の「傾向と対策」シリーズの『物理』である。その序文で、竹内均は断言している。入試問題の物理は難しく、自力で解くことは困難であり、時間の無駄だから、まず、本著の例題の模範解答をじっくりと通読し、理解せよ。その後、模範解答を隠し、自力で解く努力をせよ、と。40年前の記憶を辿っているから、文言は異なっているけど、そのような趣旨である。筆者の抱いている、受験数学の勉強とは根本的に異なる。もっとも、竹内均の言っていることは真実で、筆者も、『物理』の例題（わずか40余題である！）を徹底的に通読し、理解したら、物理の入試問題は、ほとんど解けるようになり、予備校の模試も、偏差値は、軽く70を越えるようになった。しかしながら、竹内均の言っていることは、物理にはきわめて有効であるが、数学にはまったく駄目である、とも認識した。物理学者が聞くと怒るかもしれないが、事実だから言うのであるが、物理の入試問題は、筆者が受験生のときも、数値のみを問う問題がほとんどであるから、マークシート方式の問題と大差がなく、問題のパターンの習得が効果的である、というのがその理由である。物理の入試問題は、記述式の数学の入試問題とは、根本的に異なる。もう、時効であるから言うのであるが、筆者は、旺文社の「傾向と対策」シリーズは、ほとんどすべてを揃え、本箱を飾ったが、『物理』以外は、読む価値がなかった。特に、『物理』と『化学』の落差は激しい、と感じた。

そうこうすると、夏休みになったから、数学の受験参考書を購入しようかと思いつつ、本屋さんを探した。しかし、どの参考書を眺めても、その粗（あら）が目立つ。この参考書には△△△が載っていないから駄目。あの参考書には▲▲▲が載っていないから駄目という具合である。結局、旺文社の分厚い大学入試問題正解（通称「電話帳」）を購入し、それをがむしゃらに解いた。入試問題の練習を始めてから4ヶ月ほどになっていたから、極端な難問を除くと、あまり苦労をしなくても、解けるようになった。自分で納得できる答案が作れれば、もはや模範解答は読まない。他人の解答を読むのが嫌いだからである。不思議と、自分の納得できる解答が万が一にも誤っているという不安は持ったことがない。そのうち、単に、入試問題を解くだけでは物足りなく感じるようになり、入試問題をどんどん改題し、難問に仕上げ、それを解く楽しみを味わうようになった。そうすると、巷(ちまた)に氾濫する受験参考書に欠落している項目を補うことができる。結局、自分がもっとも信頼できる参考書を自分が作ったことになる。入試問題を改題する経験は、数学者である自分にとって、受験勉強のもっとも貴重な財産である。そう言えば、小説家になるには、有名な小説を模写しながら、その結末を自分の好むように改編する練習をすることが有益である、とどこかで読んだ覚えがある。われわれが昔から親しんでいる、いわゆる「日本の名作」と呼ばれる作品の改編を試みるのも面白いのではないだろうか。

c）閃きと論理　教科書傍用問題集に載っている問題と入試問題のギャップは、閃(ひらめ)きの有無である。すなわち、教科書傍用問題集に載っている問題は、方針がわかっている問題がほとんどであるが、入試問題は、その方針を探すことから始めなければならない。その方針が脳裏に浮かぶことが、閃きである。閃きは一瞬の動作であるが、閃きに到達するまでは、悪戦苦闘の時間を費やさなければならない。閃きがあれば、教科書傍用問題集の発展問題と、一般レベルの入試問題には、それほど驚くような差はない。すなわち、入試問題を解く醍醐味は、その一瞬の閃きを追求することである。その一瞬の閃きを追求することに徹底的に拘(こだわ)るならば、ちょっと考えて解けないからと言って、解答を眺めてしまうようでは駄目である。いわんや、解答をちらっと眺めてから解く、なんてことは、邪道である。

本編 74 ページでも触れたが、受験数学の業界を随分と騒がせた 17 文字の問題「$\tan 1^\circ$ は有理数か」（京都大学、後期、理系、2006 年）も、加法定理を使え、というヒントがあれば、問題の難易度はずっと下がる。逆を言うと、加法定理を使うという閃きがなければ、どうにもならないであろう。噂によると、正解率は数パーセントとも言われているようであるから、難問の類である。しかしながら、解答例を読めば、加法定理と背理法を理解するための模範的な例題となることが納得できる。

もう、40年も昔の入試問題であるが、名古屋大学の数学（1975年）の問題を紹介しよう。理系では「$\log_2 3$ と $\log_3 4$ の大小を理由を付して答えよ」との出題が、文系では「$\log_2 3, \dfrac{3}{2}, \log_3 4$ の大小を理由を付して答えよ」との出題があった。予備校（少なくとも、河合塾）の解答例は、文理共通であり、僅か一行

$$\log_3 4 < \log_3 3\sqrt{3} = \frac{3}{2} = \log_2 2\sqrt{2} < \log_2 3$$

である。しかし、理系の問題を眺めたとき、$\dfrac{3}{2}$ を閃くことは至難の業であろう。受験生として、本問を試験場で考えた筆者は、そんなことを閃くこともできず、本問は撃沈し、入試の結果は、理学部に不合格。しかし、第2希望の農学部には回し合格となったから、ひょっとしたら、本問が解けていたら、理学部に合格したかもしれない。ところが、数学の試験が終わってからの帰り道、地下鉄に乗っているとき、本問は、$f(x) = \log_x (x+1)$ の微分を考え、$f(x)$ が単調減少であることを示せば、これも一行で解けることが閃き、あっそうか、と思った。閃いたときの感動は、数学の学習に不可欠である。もし、$f(x) = \log_x (x+1)$ の微分を考えることが、試験会場で閃いたならば、やった！　と喜んだであろう。しかしながら、本問が、もし、「$\log_{99} 100$ と $\log_{100} 101$ の大小を理由を付して答えよ」と出題されていたならば、$f(x) = \log_x (x+1)$ の微分を考えることは、簡単に閃いたであろう。

マークシート方式の数学の試験の導入は、数学者の猛反対があったと思う。しかしながら、共通第一次学力試験の始まった頃の問題は、数学者からの批判に答えるべく、できるだけ考える問題を出題しようとする出題者の努力を感じることができる。ところが、昨今のセンター試験の数学の問題はどうであろうか。平均点を60点前後に保つためであろうが、単なる時間との勝負のような問題が出題され、考えては駄目！　立ち止まるな！　というメッセージしか筆者は感じない。受験生は、ひたすら、問題の誘導に従い、誘導に乗ることができれば高得点が得られるが、誘導に乗れなけ

れば壊滅的となる。繰り返すが、閃くことは一瞬の動作であるが、閃きに到達するには、それなりの時間が必要である。であるから、センター試験の数学の問題は、一切の閃きを排除している。

筆者は、いわゆる枝問のある誘導式の問題は嫌いである。すなわち、大問が、(1)、(2) などと小問にわかれており、(1) は (2) のヒントになっているようなタイプの問題である。予備校の模試などは、ほとんどが枝問のある問題である。得点の分布と採点の公平性などを考慮するならば、枝問を作ることも理解できる。しかしながら、枝問を作ることは、閃きを阻害することになることもしばしばである。たとえば、「$\tan 1^\circ$ は有理数か」の問題を出題する際、枝問に「$\tan\alpha$ と $\tan\beta$ が有理数ならば $\tan(\alpha+\beta)$ も有理数である。これを示せ」を加えたら、閃きは不要である。加法定理を使ってくださいよ、と言っているからである。

昨今、筆者が危惧していることは、高校生が、あまりにもたくさんの数学の問題を解いている、ということである。否、解いているというのはきわめて好意的な解釈である。実状は、たくさんの問題に追われ、じっくり解く余裕がなく、何も考えず、単に、解法を暗記している。理解するのではなく、暗記している。たとえば、$\sqrt{2}$ が無理数であることの証明を読んだ（否、暗記した）後、$\sqrt{3}$ が無理数であることの証明ができないことは、珍しくはない。それは笑い話ではなく、高校の数学教育の深刻な状況を象徴している。

数学の市販の問題集は、懇切丁寧な分厚い解答集が添付されており、「略解」だけの問題集は姿を消した。筆者が高校生のときには考えられないような事態である。隔世の感を禁じ得ない。他方、高校の授業で使う問題集の多くは市販されておらず、「略解」しか載っていない。しかし、懇切丁寧な解答集を出版社が準備し、学校に納入する。学校は、生徒の勉強の便宜を謳い文句とし、懇切丁寧な解答集を生徒に配布する。そうすれば、生徒からの質問が減る。しかし、そのような市販されていない問題集の懇切丁寧な解答集の解答は、世間の批判に曝（さら）されないから、いい加減なものが多い。解答が誤っているのは論外としても、解法がきわめて不自然なものが目立つ。そんな読むに耐えない懇切丁寧な解答集を作る出版社もさることながら、配布する学校側も無責任である。雑多な解法の無作為な会得は、時間の浪費である。何れにせよ、たくさんの問題に追われ、懇切丁寧な解答集があれば、高校生は、解くことは放棄し、解法を覚える。閃きとは無縁の世界である。

閃きの訓練の忘却とともに、高校の数学教育における深刻なことは、公式の「証明」にまったく興味を示さず、単に、公式を使うことが、数学を学ぶことであると誤解している高校生が氾濫していることである。その典型的な例の一つが、「点と直線の距離の公式」である。実際問題、センター試験などに出題されても、もちろん、使えれば大丈夫であるから、証明を理解する努力を放棄するのも納得できる。高校の授業でも、「点と直線の距離の公式」の証明を教えることは苦痛である、と感じている教師が珍しくはない。しかし、大阪大学の入試問題（文系、前期、2013 年）には、その証明が出題された。古今東西、「数学する」ことは、すなわち、「証明する」ことである。公式の「証明」を無視すれば、論理の訓練を怠ることになる。必然的に、論証問題が、受験生の苦手分野となる。論理の訓練を忘れた数学教育も、もはや、数学教育ではない。

「増補版・はじめに」でも言ったことを繰り返す。閃きと論理の能力は、人生を豊かにする。と言うと大袈裟である。しかしながら、人生において、さまざまな境遇に逢着（ほうちゃく）するとき、閃きがまったく苦手、論理がチグハグであれば、さて、どうなるか。それが実感として認識できるのは、高校を卒業してからずっと後になってからであろう。

d）アポロ計画 アポロ計画（1961 年〜1972 年）とは、アメリカ航空宇宙局（National Aeronautics and Space Administration：略称 NASA）による有人月面着陸計画である。筆者が天文学者になる夢を抱いたのは、アポロ計画の影響（本編の 42 ページ）である。

アポロ 8 号（1968 年 12 月 21 日打ち上げ）は、人類史上初の、地球周回軌道を離れ、月を周回した有人飛行である。筆者の記憶を辿ると、アメリカ合衆国フロリダ州ケネディ宇宙センターからの打ち上げの生中継をテレビで観たのは、アポロ 8 号のときからだったと思う。地球から月面の裏側を眺めることはできない（本編の 42、43 ページ）から、アポロ 8 号の飛行士（ジム・ラヴェルら）は、人類史上初、月面の裏側を眺めたのである。

アポロ 11 号（1969 年 7 月 16 日打ち上げ）は、人類史上初の、有人月面着陸である。月着陸船が月面に着陸し、ニール・アームストロング船長が、月面に降りたのは、米東部夏時間 7 月 20 日午後 10 時 56 分 20 秒（日本時間 7 月 21 日午前 11 時 56 分 20 秒）である。そのときの第一声 "That's one small step for [a] man, one giant leap for mankind." は、あまりにも有名である。NHK の生中継で、その台詞を「この一歩は小さいが、人類にとっては大きな躍進だ」と同時通訳したのは、西山千（にしやま・せん）さん。我が国では、アポロ 11 号の打ち上げ以前は、同時通訳という職業、同時通訳者の存在は知られていなかったとのことである。

映画「アポロ 13 号」(1995 年）を、2012 年 12 月、筆者は、国際線の機内で観た。サンフランシスコから関西空港に飛ぶ飛行機の機内映画である。バークレーの数学研究所 (Mathematical Sciences Research Institute：MSRI) で開催されているワークショップ "Combinatorial Commutative Algebra and Applications" 参加するため、一泊 3 日の海外渡航をしたときの帰りである。そのワークショップは、月曜日から金曜日の 5 日間の開催であったが、その週の筆者のスケジュールは、月曜日は講義、金曜日は会議であったから、結局、火曜日から木曜日の強行スケジュールでの外国出張であった。火曜日の夕方、成田からサンフランシスコに飛ぶ。時差（マイナス 16 時間）の関係から、サンフランシスコ着は、現地時間の火曜日の朝である。サンフランシスコ空港到着後、バークレーに移動し、MSRI にはランチの時間帯に到着。火曜日の午後の講演の座長をし、火曜日の夜のレセプションに参加した。筆者は、組織委員のメンバーであったから、やはり、部分的であれ、参加することは必須である。水曜日の午後、サンフランシスコから成田に飛ぶが、日付変更線を越えるから、関西空港に着くのは、木曜日の夕方である。機中泊はホテルの宿泊とは異なり、宿泊数には数えないから、一泊 3 日となる。

その映画「アポロ 13 号」の一場面である。ジム・ラヴェルと彼の奥さんが月を眺め、ジムが奥さんに「あれが、アポロ 11 号が着陸した静かの海だよ」と言う。このとき、筆者は、ハッと思った。筆者は、ずっとずっと、アポロ 11 号が着陸した静かの海は、月の裏側にあると信じていた（本編の 42 ページ）からである。後から、調べると、なるほど、静かの海は月の表側にあると記載されていた。という訳で、本編 42 ページの、静かの海の位置に関する記載を訂正する。

e）木綿のハンカチーフ　本編の 6 ページ参照。「雨だれ」、「たんぽぽ」、「夕焼け」に続く、太田裕美の 4 枚目のシングル。発売は、1975 年 12 月 21 日。ちょうど、筆者の受験勉強の追い込みのときに発売され、入学試験と合格発表の頃、もっとも流行っていた曲である。あれから 40 年の歳月を経ても、「木綿のハンカチーフ」を聞くと、筆者が数学者に向けての、小さな一歩を踏み出したときの初心が鮮やかに蘇る。青春時代の思い出の曲を挙げよ、と言われたら、迷うことなく、「木綿のハンカチーフ」である。

「木綿のハンカチーフ」は、じっと耐える田舎の女性と田舎から都会に移り田舎の彼女を忘れてしまう男性の会話体の詩である。遠距離恋愛が破局するストーリー展開である。「木綿のハンカチーフ」の遠距離恋愛はどうして破局し、彼女は悲しみの涙を木綿のハンカチーフで拭くことになったのであろうか。都会の絵の具に染まらないで、と願う彼女。彼は、都会で流行る指輪、スーツ姿の写真を彼女に贈るが、やがて、都会の愉快な生活から離れることができなくなり、田舎への郷愁も薄れ、彼女への愛も消えてしまったのだろうか。「木綿のハンカチーフ」は、携帯電話もメールもなかった頃の遠距離恋愛の話である。いまならば、LINE もあるし、FaceTime、Skype もある。遠距離恋愛の諸相も、昔と現在（いま）では、随分と異なるのだろう。

f）白い巨塔　山崎豊子の長編小説。『白い巨塔』は 1965 年 7 月に、『続・白い巨塔』は 1969 年 11 月に、それぞれ、新潮社から刊行。本編の 8 ページ参照。田宮二郎が外科医の財前五郎を演じる 1978 年のテレビ番組「白い巨塔」は、原作にかなり忠実であったから、テレビを観ながら原作を読んだ覚えがある。本編8ページでも回顧しているが、1980年9月、筆者の数学者への夢が消滅したとき、『白い巨塔』と『続・白い巨塔』を繰り返し読んだ。野望に燃える財前五郎は、挫折と憔悴のどん底にあった筆者を魅惑した。筆者の愛読書を一冊挙げるならば、『白い巨塔』である。

g）コミック『証明の探究　高校編！』　『証明の探究』のコミック版である。筆者がストーリーを作り、物理学者の門田英子さんが漫画を描いた。2014年12月12日発売。2015年3月22日、一瞬ではあるものの、Amazon.co.jpのベストセラーの総合順位が94位となった。新聞、書評など、たくさんの宣伝の御蔭である。しかしながら、発売から一年を経ても、初刷が完売していないから、売れ行きは悪い。もっとも、コミック版が発売になってから、相乗効果であろうか、『証明の探究』が随分と売れたことは、ちょっと驚きである。コミック版では、主人公の葉子（高校2年生）は、偶然にも、書店で『証明の探究』に巡り合う。コミック版には、『証明の探究』では扱わなかった証明問題を紹介した。コミック版の証明問題の一部は、本著（増補版）に収録している。

コミック『証明の探究高校編！』には続編（受験編！）が企画されている。「高校編！」では、葉子と慶太の恋愛が始まるまでを描いている。高校2年生の秋から冬である。「受験編！」は、二人が高校3年生の受験生活の話である。4月、葉子と慶太のクラスに数学のずば抜けて優秀な転校生の○○○○がやってくる。それとともに、お茶の湯予備校の数学の美人講師の烏丸葵（からすま・あおい、25歳）が、非常勤講師として葉子と慶太のクラスの数学を担当する。葵の授業はきわめてシンプル。教室に入ると、黒板に数学の問題を一題だけ板書する。生徒は、25分の制限時間でその問題に挑戦する。その後、葵がその問題の解説をする。葵の出題する問題は、すべて葵のオリジナルな新作問題であって、大学入試の数学の過去問ではない。そんなストーリーが浮かんでいる。もっとも、筆者は忙しく、その作文をする余裕がない。秘湯に隠らなければ、作文することはできないかも。

付録

増補版の本編の原稿の初校も届いているけど、もうちょっと加筆しようと思い、「付録」を執筆している。

a）結婚定理　第7章の一筆書きの話をするとき、有限グラフの概念がさらっと導入されている。わざわざ、有限グラフの厳密な定義をする必要はないであろう。有限グラフの著名な定理に「結婚定理」と呼ばれるものがある。それを紹介しよう。

婚活パーティーに n 人の男性と n 人の女性が参加している。しばらく談笑した後、それぞれの女性に紙を配り、結婚してもいいかなと思っている男性の候補を複数人（一人でも、あるいは、候補者なしでもよい）回答してもらう。主催者側は、女性が結婚してもいいかなと思うカップルがちゃんと n 組できることを理想とする。なんとまぁ、男性の立場はまったく弱く、自分と結婚してもいいかなと気に入ってくれるような女性とカップルになることができれば満足するという、そんな婚活パーティーである。そのような主催者側の理想が可能か否かの判定法が結婚定理である。

いま、女性 n 人から、任意に i 人を選ぶ（但し、$1 \leq i \leq n$）とき、それらの i 人の回答のいずれかに現れる（もちろん、複数回現れることもある）男性の数が i よりも少ないとする。すると、それら i 人の女性とカップルになることができる男性の数は i よりも少ないことになるから女性が結婚してもいいかなと思うカップルがちゃんと n 組できることは不可能である。従って、女性が結婚してもいいかなと思うカップルがちゃんと n 組できるためには、条件（☆）『女性 n 人から、任意に i 人を選ぶ（但し、$1 \leq i \leq n$）とき、それらの i 人の回答のいずれかに現れる（もちろん、複数回現れることもある）男性の数が i 以上である』は必要条件である。驚くべきことに、条件（☆）は、女性が結婚してもいいかなと思うカップルがちゃんとn組できるための十分条件でもある（ホールの定理）。

以下、十分条件であることを証明しよう。女性n人の集合をWとし、男性n人の集合をW'とする。空でない部分集合$U \subset W$があったとき、Uに属する女性の回答のいずれかに現れる（もちろん、複数回現れることもある）男性の集合を$N(U)$とする。すると、条件（☆）から、$|N(U)| \geq |U|$が空でない任意の部分集合$U \subset W$について成立する。但し、$|U|$は、集合Uに属する要素の個数（すなわち、女性の人数）である。便宜上、$U = \emptyset$のときは$N(U) = \emptyset$とすれば、$|N(U)| \geq |U|$が任意の部分集合$U \subset W$について成立する。

まず、$|N(U)| \geq |U| + 1$が任意の$U \subset W$（但し、$U \neq \emptyset, U \neq W$）について成立するとしよう。特に、$|U| = 1$とすると、$|N(U)| \geq 2$であるから、どの女性も、少なくとも二人の男性の名前を回答している。たとえば、女性Aさんが男性Bさんと結婚してもいいかなと思っているとしよう。このとき、WからAさんを除いた集合をW_0とし、W'からBさんを除いた集合をW'_0とする。すると、任意の$U \subset W'$について、$|N(U)| \geq |U|$が成立する。従って、nに関する数学的帰納法を使えば、女性n人からAさんを除く女性$n-1$人と、男性n人からBさんを除く男性$n-1$人を考えると、そのグループでは、女性が結婚してもいいかなと思うカップルがちゃんと$n-1$組できる。女性Aさんは男性Bさんとカップルになればいいから、結局、主催者側の理想である、女性が結婚してもいいかなと思うカップルがちゃんとn組できる。

次に、$|N(U_0)| = |U_0|$となる$U_0 \subset W$（但し、$U_0 \neq \emptyset, U_0 \neq W$）が存在すると仮定する。仮定より、$U_0(\subset W)$の部分集合$V$は$|N(V)| \geq |V|$を満たすから、再び、$n$に関する数学的帰納法を使うと、$U_0$に属する女性$k$人（但し、$|U_0| = k$）と$N(U_0)$に属する男性$k$人については、女性が結婚してもいいかなと思うカップルがちゃんとk組できる。残るは、U_0に属さない女性$n-k$人と$N(U_0)$に属さない男性$n-k$人を考えることである。集合WからU_0を除いた集合を$W \setminus U_0$と表す。示すべきことは、任意の部分集

合 $V' \subset W \setminus U_0$ について、$|N(V') \setminus N(U_0)| \geq |V'|$ が成立することである。いま、

$$N(V' \cup U_0) \geq |V' \cup U_0| = |V'| + |U_0|$$

である。更に、

$$N(V' \cup U_0) = N(V') \cup N(U_0) = (N(V') \setminus N(U_0)) \cup N(U_0)$$

である。すると

$$|N(V') \setminus N(U_0)| \geq |V'| + |U_0| - |N(U_0)| = |V'|$$

が従う。これより、U_0 に属さない女性 $n-k$ 人と $N(U_0)$ に属さない男性 $n-k$ 人についても、女性が結婚してもいいかなと思うカップルがちゃんと $n-k$ 組できる。(証明終)

男性の立場が弱い婚活パーティーの話である。では、しばらく談笑した後、それぞれの男性にも紙を配り、結婚してもいいかなと思っている女性の候補を複数人(一人でも、あるいは、候補者なしでもよい)回答してもらうこととし、主催者側は、男性と女性のお互いが結婚してもいいかなと思うカップルがちゃんと n 組できることを理想とするならば、議論をどのように修正すればいいであろうか。

b）凸集合と格子点　座標空間の点で、x 座標、y 座標、z 座標が整数であるものを格子点と呼ぶ。座標空間の格子点に関する問題を紹介しよう。

座標空間の(空集合ではない)図形 P が凸集合であるとは、P に属する任意の 2 点 x と y を結ぶ線分が P に含まれるときに言う。座標空間の図形 P が原点対称であるとは、点 x が P に属すならば、$-x$ も P に属するときに言う。特に、原点対称な凸集合は原点を含む。

問題 A－1　(1) 座標空間において、体積が 1 よりも大きい図形は、x 座

標、y 座標、z 座標の差が、それぞれ、整数となるような異なる 2 点を含む。これを示せ。

(2) 座標空間において、原点対称で、体積が 8 より大きい凸集合は、原点以外の格子点を含む。これを示せ。

厳密には、図形が有界であること、すなわち、原点を中心とする半径の十分大きな球を描けば、その球の内部に図形は含まれる、という条件が必要であるが、高校数学で体積を扱う空間図形は、回転体とか四面体など、もちろん、有界であるから、わざわざ有界であると断ると、かえって誤解を招く恐れもあるから、問題文では、断らないことにしている。なお、(2) は、ミンコフスキーの格子点定理と呼ばれる。

[解答例]　(1) 座標空間の体積が 1 の単位立方体を C_0 とする。すなわち、C_0 は、頂点が $(\varepsilon_1, \varepsilon_2, \varepsilon_3)$（但し、$\varepsilon_1, \varepsilon_2, \varepsilon_3 \in \{0,1\}$ である。）である立方体である。便宜上、単位立方体を整数（を成分とする）ベクトルで平行移動して得られる立方体を基本立方体と呼ぶ。

図形 P の体積が 1 よりも大きいとし、P を有限個の異なる基本立方体 $C_1, C_2, \ldots, C_q$ で覆う。すなわち、$P \subset C_1 \cup C_2 \cup \cdots \cup C_q$ である。いま、$P_i = P \cap C_i$ と置き、C_i を平行移動し、C_0 に重なるようにするとき、$P_i = P \cap C_i$ が $P_i' \subset C_0$ に移るとする。このとき、図形 P の体積が 1 よりも大きいことから、$P_i' \cap P_j' \neq \emptyset$ となる $1 \leq i < j \leq q$ が存在する。共通部分 $P_i' \cap P_j'$ に属する点 a を任意に選び、$a \in P_i'$ に移る P の点を b とし、$a \in P_j'$ に移る P の点を c とすれば、b と c の x 座標、y 座標、z 座標の差は、それぞれ、整数となる。

(2) 座標空間において、原点対称で、体積が 8 より大きい凸集合 P があったとき、図形 P' を $P' = \{\frac{1}{2}a : a \in P\}$ と定義する。すなわち、P' は原点に関して P を長さを $\frac{1}{2}$ に縮めた図形である。すると、P' と P の相似比は $1:2$ であるから、体積比は $1:8$ である。従って、P' の体積は 1 を越える。すると、(1) から P' に属する 2 点 b と c（但し、$b \neq c$ である。）を適当に選ぶと、$b-c$ は格子点となる。図形 P が原点対称な凸集合であることから、P' も原点対称な凸集合である。すると、$c \in P'$ から $-c \in P'$ である。更に、b と $-c$ が P' に属し、P' が凸集合であることから、その中点である $\frac{1}{2}(b-c)$ は P' に属する。従って、格子点 $b-c$ は P に属する。

c）素数　素数は無限個ある。本編 54 ページ参照。素数と素数の間隔はどうなっているだろうか。一般に、素数 p と q があって、$p<q$ で、しかも、p よりも大きく、q よりも小さい素数が存在しないとき、p と q は隣り合う素数であると呼ぶことにしよう。隣り合う素数 p と q の差 $q-p$ を p と q の隙間（すきま）と呼ぶ。

素数を小さい順に

$$2, 3, 5, 7, 11, 13, 17, 19, 23, 29, \ldots\ldots$$

と並べると、隙間は

$$1, 2, 2, 4, 2, 4, 2, 4, 6, \ldots\ldots$$

となっている。隙間はどれだけでも大きくなれるのであろうか。

問題 A － 2　任意の正の整数 k があったとき、隣り合う素数 p と q で、その隙間が k よりも大きくなるものが存在する。これを示せ。

[解答例]　整数 $k+2$ よりも小さい素数のすべての積を N とする。すると、

$$N+2, N+3, \ldots, N+(k+1)$$

は、いずれも素数ではない。実際、$2 \leq i \leq k+1$ のとき、i を割り切る素数の一つを p とすると、$p<k+2$ であるから、p は N を割り切る。すると、p は $N+i$ を割り切る。もちろん、$p<N<N+i$ であるから、$N+i$ は素数ではない。従って、$N+2$ よりも小さい素数のなかでもっとも大きいものを

p_0 とし、$N+(k+1)$ よりも大きい素数のなかでもっとも小さいものを q_0 とすれば、p_0 と q_0 の隙間は k よりも大きい。

換言すると、任意の正の整数 k について、連続する k 個の正の整数で、どれも素数でないようなものが存在する。

d）計算問題　算数の計算問題は、脳のトレーニングにも有効である。日常生活で、もっとも、有効な計算の練習は、財布の小銭の管理である。財布には、小銭は、1 円玉と 10 円玉と 100 円玉は 4 枚まで、5 円玉と 50 円玉と 500 円玉は 1 枚までとすることである。これ、簡単そうであるが、咄嗟に判断する必要もあり、ときどき、ミスをする。93 円のものを買ったとき、103 円を払い、10 円のおつりをもらうことは簡単であるが、5 円玉と 50 円玉がなく、10 円玉が 4 枚、1 円玉も 4 枚あるとき、88 円のものを買い、143 円を払うことを瞬時にするのは、ちょっと難しいかも。もっとも、駅の切符売り場の自動販売機などは、50 円玉と 500 円玉が入っていないこともあるから、こちらの計算通りのおつりがあるとは限らない。

財布が標準状態にあるとは、小銭は、1 円玉と 10 円玉と 100 円玉は 4 枚まで、5 円玉と 50 円玉と 500 円玉は 1 枚まで、千円札は 4 枚まで、5 千円札は 1 枚までの状態であるときに言う。二千円札は流通していないと仮定する。壱万円札は、必要な枚数だけ財布に入っていると解釈する。買い物をするとき、おつりは、標準状態[*]でもらえると仮定する。このとき、財布は、常に、標準状態に保つことができる。これ、あたりまえ！　と思うけど、そのあたりまえのことを証明しようとすると、あたりまえであればあるほど、しばしば、証明が難しい。

と言う訳で、財布が標準状態に保つことができることを証明しよう。標

[*] おつりが標準状態であるとは、そのおつりを空の財布に入れると、財布は標準状態になるということである。

準状態の財布がある。値段が a 円の品物を買うとし、

$$a = a_1 + 5b_1 + 10a_2 + 50b_2 + 100a_3 + 500b_3 + 1000a_4 + 5000b_4 + 10000c$$

とする。但し、$0 \leq a_i \leq 4, 0 \leq b_j \leq 1, c \geq 0$ である。財布には

$$x_1 + 5y_1 + 10x_2 + 50y_2 + 100x_3 + 500y_3 + 1000x_4 + 5000y_4 + 10000z \text{（円）}$$

が入っているとする。但し、$0 \leq x_i \leq 4, 0 \leq y_j \leq 1, z \geq 0$ である。

- $y_1 = 0$ のとき、$a_1 \leq x_1$ ならば 1 円玉を使い、$a_1 > x_1$ ならば 1 円玉は使わない。すると、$b_1 = 1$ ならば $a - a_1 + 5$（円）の品物を買うことに帰着し、$b_1 = 0$ ならば $a - a_1$（円）、あるいは $a - a_1 + 10$（円）の品物を買うことに帰着する。
- $y_1 = b_1 = 1$ とする。このとき、$a_1 \leq x_1$ ならば 1 円玉と 5 円玉を使う。他方、$a_1 > x_1$ ならば 1 円玉も 5 円玉も使わない。すると、前者ならば $a - a_1 - 5$（円）の品物を買うことに帰着する。後者ならば $a - a_1 + 5$（円）の品物を買うことに帰着する。
- $y_1 = 1, b_1 = 0$ とする。このとき、$a_1 \leq x_1$ ならば 1 円玉を使い、5 円玉は使わない。他方、$a_1 > x_1$ ならば 1 円玉は使わず、5 円玉を使う。すると、両者とも、$a - a_1$（円）の品物を買うことに帰着する。

以上の結果、1 円玉と 5 円玉の処理ができ、10 円単位の値段[*]の品物を買う状況に帰着する。同様にすれば、10 円玉と 50 円玉、100 円玉と 500 円玉、千円札と 5 千円札も処理できる。

[*] すなわち、値段 a の 1 の位は 0 である。

増補版・あとがき

初版の「あとがき」は「雑談」が代替している。しかしながら、著書としての体裁を整えるには「あとがき」が必須であろうから、増補版は「増補版・あとがき」を載せる。

『証明の探究』は、そもそも、数学教育の現場が証明を軽視していることを危惧し、高校数学の教科書とは異なる趣向を凝らし、阿弥陀籤、一筆書きなど、できる限り日常生活に密着するような題材を使い、背理法と数学的帰納法を解説することを目指し、執筆を始めた。それとともに、ピックの公式が拙著『数え上げ数学』(朝倉書店) に載っていないことがずっと懸念されていたから、ピックの公式の証明を詳しく紹介する機会にもなると考えた。

増補版の趣旨は、「増補版・はじめに」でも触れている。随分と昔の傑作な大学入試の証明問題を紹介するとともに、受験数学と大学数学の橋渡しとなるような証明問題を掲載した。そのような橋渡しの役割を担う証明問題は、大学入試問題としては不適切であろう。しかしながら、閃きと論理の訓練の題材としては重宝である。

数学の啓蒙書を執筆することも、数学者の責務の一つである。『証明の探究』が啓蒙書と言えるか否かの判断は読者に委ねるが、少なくとも、数学の醍醐味が証明であることを披露することはできると信じている。

索　引

や

ら

著者紹介

日比 孝之（ひび　たかゆき）

大阪大学大学院教授（情報科学研究科情報基礎数学専攻）。
専門は、計算可換代数と組合せ論。理学博士（名古屋大学）。1981年、名古屋大学理学部卒業。名古屋大学理学部助手、北海道大学理学部助教授、大阪大学理学部教授、大阪大学大学院理学研究科教授を経て、2002年から現職。著書は、J. Herzog and T. Hibi, "Monomial Ideals," GTM 260, Springer, 2011、JST CREST 日比チーム編『グレブナー道場』（共立出版、2011年）など、和書5冊、洋書2冊。科学研究費補助金 基盤研究（S）「統計と計算を戦略とする可換代数と凸多面体論の現代的潮流の誕生」（平成26年度～30年度）の研究代表者。愛読書は『白い巨塔』。

共通教育シリーズ

証明の探究 ―増補版―

2016年11月7日　初版第1刷発行　［検印廃止］

著　者　日比孝之
イラスト　日比孝之
発行所　大阪大学出版会
代表者　三成賢次
〒565-0871　大阪府吹田市山田丘2-7
大阪大学ウエストフロント
TEL：06-6877-1614
FAX：06-6877-1617
URL：http://www.osaka-up.or.jp

印刷・製本所　（株）遊文舎

JASRAC　出1609109-601
ISBN978-4-87259-559-8　C3041

証明の探究 ―増補版―

(第1回)

確認 | 採点

授業日	西暦　　年　　月　　日		担当教員	
所　属		年　次		
学籍番号		氏　名		

必要であれば問題番号を付して解答すること。

証明の探究 ―増補版―

(第 2 回)

確認 [ ] 採点 [ ]

授業日	西暦　　年　　月　　日		担当教員	
所　属		年　次		
学籍番号		氏　名		

必要であれば問題番号を付して解答すること。

証明の探究 ―増補版―

（第3回）

確認 [ ] 採点 [ ]

授業日	西暦　　年　　月　　日		担当教員	
所　属		年　次		
学籍番号		氏　名		

必要であれば問題番号を付して解答すること。

証明の探究 ―増補版―

（第 4 回）

確認 [ ] 採点 [ ]

授業日	西暦　　年　　月　　日		担当教員	
所　属		年　次		
学籍番号		氏　名		

必要であれば問題番号を付して解答すること。

証明の探究 ―増補版―

(第5回)

確認 採点

授業日	西暦　　年　　月　　日		担当教員	
所　属		年　次		
学籍番号		氏　名		

必要であれば問題番号を付して解答すること。

証明の探究 ―増補版―

（第６回）

確認 | | 採点 | |

授業日	西暦　　年　　月　　日		担当教員	
所　属		年　次		
学籍番号		氏　名		

必要であれば問題番号を付して解答すること。

証明の探究 ―増補版―

（第 7 回）

確認 | | 採点 | |

授業日	西暦　　年　　月　　日		担当教員	
所　属		年　次		
学籍番号		氏　名		

必要であれば問題番号を付して解答すること。

証明の探究 ―増補版―

(第8回)

確認 ☐ 採点 ☐

授業日	西暦　　年　　月　　日		担当教員	
所　属		年　次		
学籍番号		氏　名		

必要であれば問題番号を付して解答すること。

証明の探究 —増補版—

(第9回)

確認 [ ] 採点 [ ]

授業日	西暦　　年　　月　　日		担当教員	
所　属		年　次		
学籍番号		氏　名		

必要であれば問題番号を付して解答すること。

証明の探究 ―増補版―

（第10回）

確認 ［　］ 採点 ［　］

授業日	西暦　　年　　月　　日		担当教員	
所　属		年　次		
学籍番号		氏　名		

必要であれば問題番号を付して解答すること。

証明の探究 ―増補版―

（第11回）

確認 [ ] 採点 [ ]

授業日	西暦　　年　　月　　日		担当教員	
所　属		年　次		
学籍番号		氏　名		

必要であれば問題番号を付して解答すること。

証明の探究 ―増補版―

（第12回）

確認 [ ] 採点 [ ]

授業日	西暦　　　年　　　月　　　日		担当教員	
所　属		年　次		
学籍番号		氏　名		

必要であれば問題番号を付して解答すること。

証明の探究 ―増補版―

(第13回)

確認 ______ 採点 ______

授業日	西暦　　年　　月　　日		担当教員	
所属		年次		
学籍番号		氏名		

必要であれば問題番号を付して解答すること。

証明の探究 ―増補版―

(第14回)

確認 □ 採点 □

授業日	西暦　　年　　月　　日		担当教員	
所　属		年　次		
学籍番号		氏　名		

必要であれば問題番号を付して解答すること。

証明の探究 ―増補版―

(第15回)

確認 ☐ 採点 ☐

授業日	西暦　　年　　月　　日		担当教員	
所　属		年　次		
学籍番号		氏　名		

必要であれば問題番号を付して解答すること。